U0604752

DESIGN

高等职业教育艺术设计类专业实践教材
21世纪高等职业教育艺术设计类专业规划教材
示范性高职院校工学结合课程建设教材

Photoshop CS：色彩构成
Photoshop CS：Colour Composition

中国高等职业教育研究会艺术设计协作委员会/组编

◎主　编：陈艳麒　李　凌
◎副主编：于　瀛　钟铃凌

湖南大学 出版社

内容简介

　　高等职业教育艺术设计类专业实践教材。

　　教材将Photoshop CS软件与基础课色彩构成结合起来，互为项目，同时完成了两门课程的学习，既提高了学习效率，亦提高了软件学习和设计基础内容的针对性、趣味性。

图书在版编目（CIP）数据

Photoshop CS：色彩构成/陈艳麒，李凌主编. —长沙：湖南大学出版社，2008.9
（高等职业教育艺术设计类专业实践教材）
ISBN 978-7-81113-471-1

Ⅰ．P... Ⅱ．①陈...②李... Ⅲ．图形软件，Photoshop CS3—高等学校：技术学校—教材 Ⅳ．TP391.41

中国版本图书馆CIP数据核字（2008）第152522号

高等职业教育艺术设计类专业实践教材

Photoshop CS：色彩构成

Photoshop CS：Secai Goucheng

主　编：陈艳麒　李　凌

总 主 编：张小纲　陈　希
策　　划：李　由　胡建华

责任编辑：胡建华
责任印制：陈　燕
设计制作：周基东设计工作室
出版发行：湖南大学出版社
社　　址：湖南·长沙·岳麓山　　邮编：410082
电　　话：0731-8821691（发行部）　8821251（艺术编辑室）　8821006（出版部）
传　　真：0731-8649312（发行部）　8822264（总编室）
电子邮箱：hjhhncs@126.com
网　　址：http：//press.hnu.cn
印　　装：湖南新华精品印务有限公司

规　　格：889×1194　　16开
印　　张：9
版　　次：2008年10月第1版　　印次：2008年10月第1次印刷
印　　数：1～5 000册
书　　号：ISBN 978-7-81113-471-1/J·123
定　　价：40.00元

ART
DESIGN

示范性高职院校工学结合课程建设教材

参 编 院 校

深圳职业技术学院	黑龙江建筑职业技术学院
番禺职业技术学院	青岛职业技术学院
长沙民政职业技术学院	北京电子科技职业技术学院
天津职业大学	温州职业技术学院
武汉职业技术学院	江西陶瓷工艺美术职业技术学院
南宁职业技术学院	湖南工艺美术职业学院
宁波职业技术学院	湖南科技职业技术学院

合作企业与行业协会

香港兴利集团	南宁被服厂
香港艺宝制品有限公司	南宁乔威服装有限公司
美亿珠宝（香港）有限公司	湖北博克景观艺术设计工程有限公司
广州美联广告有限公司	湖南龙天文化传播有限公司
广州新英思广告有限公司	湖南中诚建筑装饰工程有限公司
深圳家具研究开发院	湖南新宇装饰工程有限公司
深圳市景初家具设计有限公司	长沙大银文化传播有限公司
深圳市华源轩家具股份有限公司	善印行数码快印行
深圳仙路珠宝首饰有限公司	景德镇新空间设计中心
深圳市浪尖工业产品造型设计有限公司	北京大汉文化产业有限公司
东莞华伟家具有限公司	广东省包装技术协会设计委员会
圆通设计	广东省商业美术设计行业协会
浙江瑞时集团	广州工艺美术行业协会
杭州异光广告摄影机构	深圳市工艺美术行业协会
宁波美达柯式印刷有限公司	深圳市家具行业协会
宁波杨旭摄影设计工作室	宁波平面设计师协会
温州瑞安兄弟连设计机构	湖南省设计艺术家协会

高等职业教育艺术设计类专业实践教材

◆ 主 编：陈艳麒

　　1959年9月出生，籍贯山西太原，1983年于山西大学艺术系毕业后分配至海军电子工程学院，1989年转业至山西大学师范学院，任美术系主任，兼任山西省油画学会副主席。2003—2005年就读于中央美术学院油画系材料语言研究工作室，获硕士学位，获中央美术学院马利材料艺术特等奖学金、中央美术学院最佳技法奖。现任全国高等职业教育研究会艺术设计委员会副主任、天津市包装设计协会副主任、《天津设计年鉴》编委，天津职业大学艺术工程学院院长、教授。

　　主要作品：《陈艳麒画集》（中国青年出版社），《水粉风景》（山西人民出版社），中央电视台三十二集电视连续剧《杨家将》（总体美术设计），《青铜物语》参加第三届全国油画展览，《皖南的秋天》参加全国美术作品展览，《液体模型》《时间在所有地方光滑地流逝》等六件作品参加国际艺术材料博览会大展（北京），《漂浮与沉落》参加材料与表现作品展（北京），《物质定律》参加现代环境艺术展（韩国）。

◆ 主 编：李 凌

　　现任天津职业大学艺术工程学院副院长，副教授。1999年毕业于天津美术学院，2008年毕业于韩国大佛大学，获教育学硕士学位。曾编辑出版多部教材，并在专业刊物发表多篇论文。绘画及设计作品多次参加国内外展览，其中招贴作品《2008——吉祥天津》《迎奥运——2008》分别获得天津市及华北地区设计奖。

总序

深化以工学结合为核心的人才培养模式改革，是当前我国高职教育加强内涵建设的重要内容，也是实现高等职业教育人才培养目标的重要保证。作为一种以理论与实践紧密结合为特征的教育模式和教育理念，工学结合强调高职教育的人才培养工作要以职业为导向，充分利用学校内、外不同的教育环境和资源，把以课堂教学为主的学校教育和直接获取实际经验的校外工作有机结合起来。落实工学结合教育模式的关键，不只是如何安排学生下企业顶岗实习，或让学生在毕业前到企业顶岗多长时间的问题，而是怎样将这种教育理念贯穿于学生培养的全过程，渗透到学校人才培养工作的方方面面，这其中就包括我们的课程建设和教材建设。

教材是实施教学计划的主要载体，也是专业教学改革和课程建设成果的具体体现。长期以来，我国高等职业教育教学改革和课程建设之所以一直未能跳出学科体系的藩篱，摆脱基于学科体系教学模式的束缚，使得作为体现高职教育特色的实践教学教材也难脱窠臼，其关键问题就在于我们的教学改革、课程建设和教材建设还没有真正贯彻工学结合的教育理念，严重脱离企业生产的实际，始终不能适应职业岗位的真正需要。令人欣喜的是，深圳职业技术学院、广州番禺职业技术学院、长沙民政职业技术学院、宁波职业技术学院等院校联合主编了一套高等职业教育艺术设计类专业实践教学系列教材，令人耳目一新。选择实践教学教材作为突破口，努力将工学结合的教育理念贯穿于教材建设之中，将教学改革和课程建设的成果直接体现于教材建设之中，更是令人振奋不已。

我一直认为，艺术设计类专业是创造性很强的专业，而相对于工科专业来说，这类专业在贯彻工学结合上应该难度更大，更不容易落实。然而，这套教材的编辑出版，令我消除了这方面的疑虑，也更增强了我对高职教育深化以工学结合为核心的人才培养模式改革的信心。这套教材的特色十分鲜明，在教学内容的选择和编排上，以企业生产实际工作过程或项目任务的实现为参照来组织和安排；在编写方法上，多采用项目导入模式来编写，以实际工作项目及鲜活的设计案例贯穿全书。整套教材全部由具有丰富的实践教学经验、企业实际工作经验的"双师型"教师来编写，尤其注重吸收企业生产一线的专家、设计师和技术人员参加，从而确保了教材的内容能够与企业生产实际紧密结合，无疑是校企合作的重要成果。更为可喜的是，这套教材全部由首批立项建设的国家示范性高职院校的相关专业带头人或骨干教师领衔主编，充分反映了近年来，尤其是示范院校建设以来各参编院校艺术设计类专业在工学结合理念指导下进行教学改革和课程建设的成果。总之，我认为这套教材贴近生产、贴近技术、贴近工艺，操作性强，且图文并茂，形式新颖，深入浅出，具有很强的实用性和针对性。不仅是一套高职教育艺术设计类实践教学的好教材，而且也是高职艺术设计类学生进行自我训练和自主学习的优秀实训指导书。

当然，这套教材毕竟是以工学结合理念为指导进行教材编写的尝试之作，其中难免有一些不成熟之处，比如在项目、案例选择的典型性，知识介绍的简约性，考核内容的科学性，文字表达的可读性等方面还有值得提升的空间。但这套教材所贯穿的工学结合理念和改革的方向，是值得广大高职教育工作者学习和借鉴的。我相信，按照这样一种思路和方向不断坚持探索，高职教育的课程建设和教材建设一定能结出累累硕果，高职教育的人才培养质量一定能不断提升。

2008年8月

姜大源　教育部职业技术教育研究中心研究员、教授
中国职业技术教育学会职教课程理论与开发研究会主任

目录

高等职业教育艺术设计类专业实践教材

第一单元
Photoshop
色彩实例制作

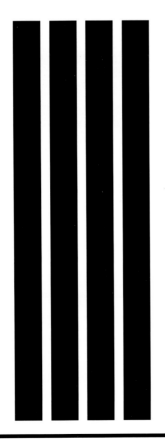

1 Photoshop 实现色彩混和

1.1 无色彩调和实例制作

本章介绍利用Photoshop的选框工具、填充工具制作图形。

①点击"视图→显示→网格"，在图片上获得一个指定的位置。

图1-01

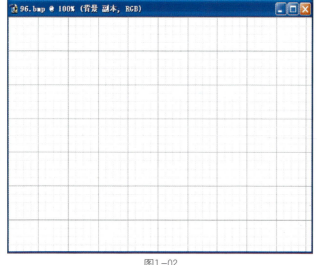

图1-02

②点击"矩形选框工具"。

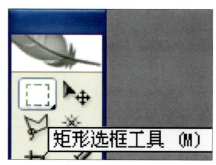

图1-03

③建立选区（正方形或长方形）。填充工具，调换再现色彩的位置。

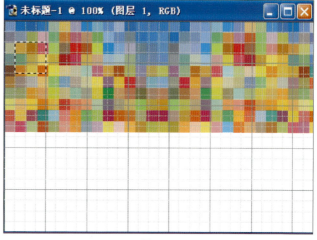

图1-04

图1-05

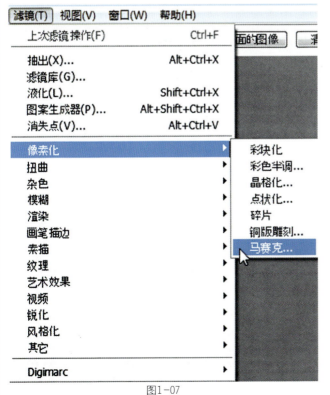

图1-06

④选中"滤镜→马赛克"。

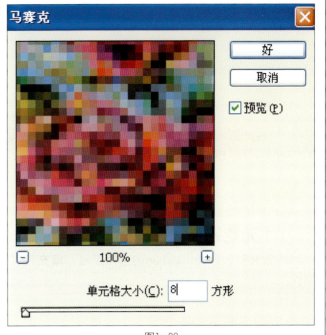

图1-08

> Photoshop 的Image（编辑）菜单主要用于处理图像的形状，并且分析和修改其颜色。

⑤点击"图像→调整→亮度/对比度"，调整色彩的明亮度。

图中亮度的参数为-14，对比度的参数为+18。

图1-09

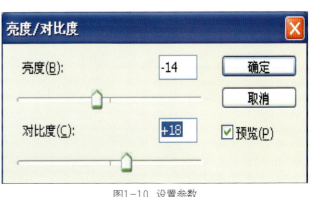

图1-07

图1-10　设置参数

003

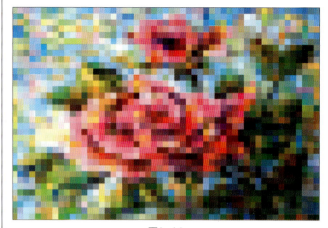

图1-11

⑥点击"图像→调整→色调分离"。

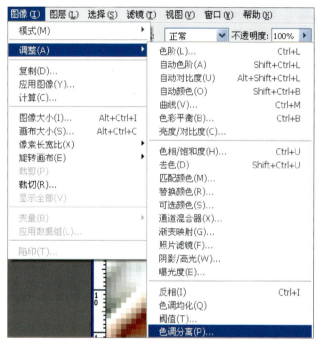

图1-12

⑦打开文件。

⑧点击"图像→调整→匹配颜色"。

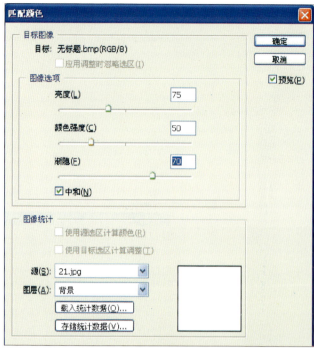

图1-14 设置参数

图1-15

图1-13

高等职业教育艺术设计类专业实践教材

⑨点击“图像→调整→通道混合器”。

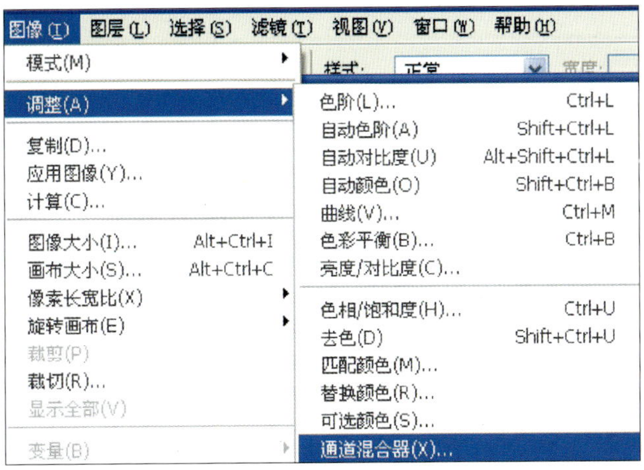

图1-16

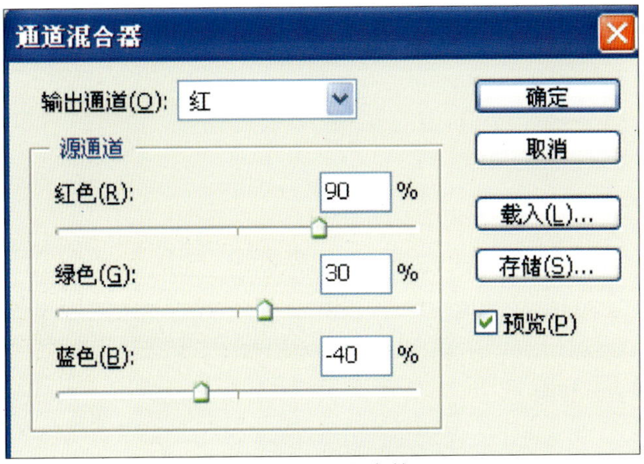

图1-17 设置参数

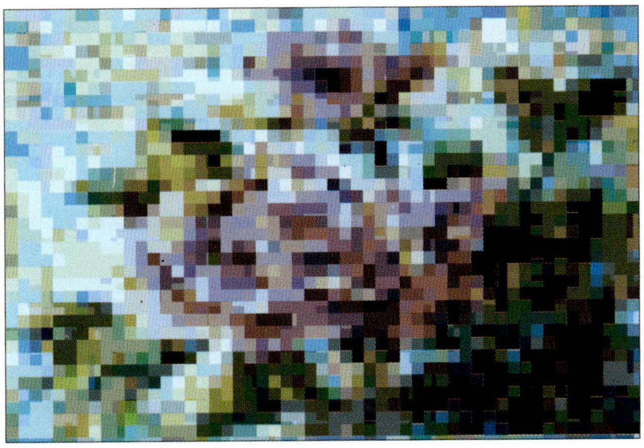
图1-18

⑩点击“图像→调整→替换颜色”。

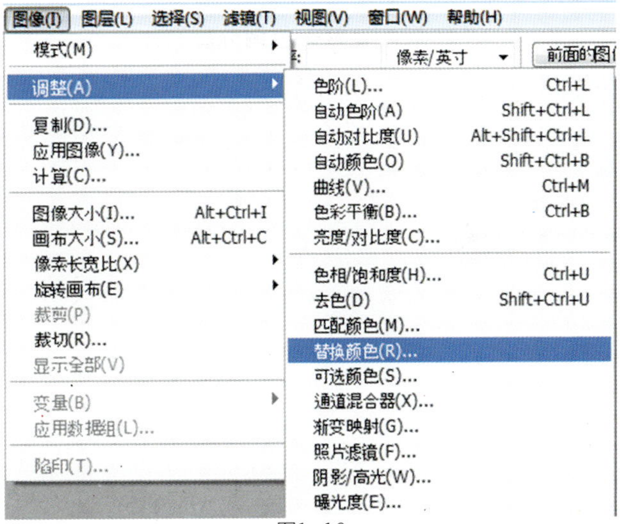

图1-19

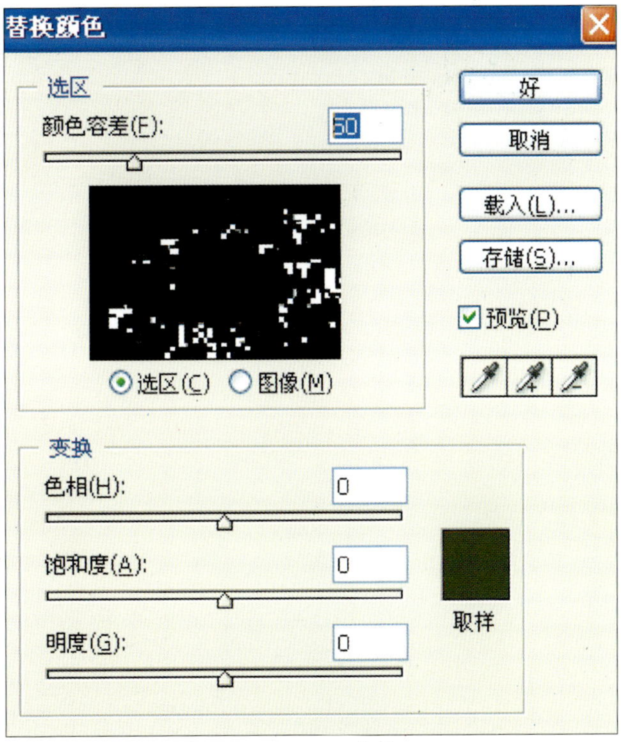

图1-20 设置参数

⑪点击"图像→调整→色彩平衡"。

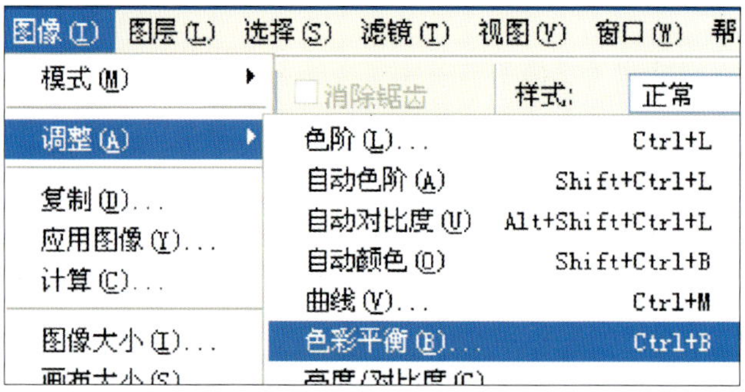

⑫点击"图像→调整→照片滤镜"，对图片进行调整。

图1-21

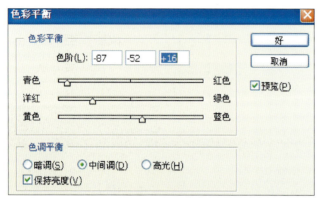

图1-22 设置参数

⑬调出"照片滤镜"对话框。

图1-24

图1-23

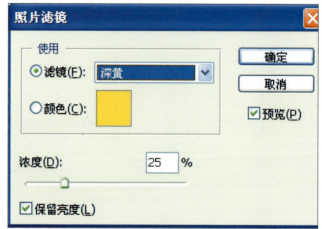

图1-25

图1-26

高等职业教育艺术设计类专业实践教材

⑭点击"图像→调整→亮度/对比度"。

图1-27

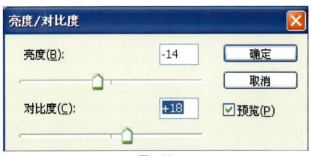

图1-28

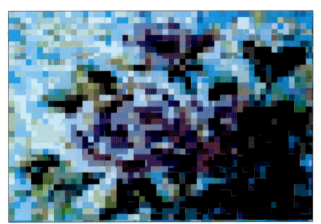

图1-29 完成效果图

1.2 工具小贴士

（1）选框工具

选取工具可相应地选取矩形、椭圆形、横线、竖线四种形状的选区，使用时只需要在图像中点击并按住鼠标后拖动或双击即可，如图1-30所示。

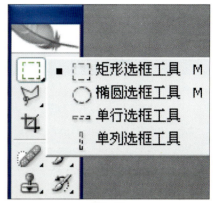

图1-30

图1-31

按住Shift键不放拖动鼠标，将获得正方形或圆形区域。

按住Alt键不放拖动鼠标，将以鼠标开始点为中心进行选取。

按住Shift键不放拖动鼠标进行选取，可以将再次选择的区域添加到原来的选区。

按住Alt键不放在原来的选区拖动鼠标可从原来选区中减去再次选择的区域。

同时按住Shift+Alt组合键不放可将新选取区与原选区的交区作为最终选择。

（2）套索工具

"套索工具"用于选取不规则选区。

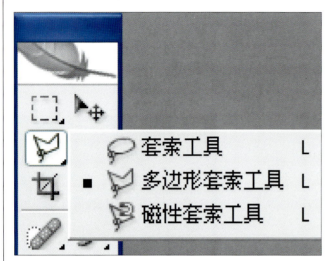

图1-32

使用"套索工具"时，在图像中单击得到一个起始点，然后沿着要选取的目标区域的边缘拖动鼠标。当鼠标回到起始点时，光标右下角会出现一个小圆圈，单击就可以得到选区。使用"磁性套索工具"会自动获得有明显变化的图像边缘，快速选取目标区域。

图1-33

1.3 色彩知识：色彩混合方法

色彩的混合分为加法混合和减法混合。色彩还可以在进入视觉之后混合，称为中性混合。

（1）加法混合

加法混合是指色光的混合。两种以上的色光混合在一起后，其光亮度会提高。混合色光的总亮度等于相混各色的光亮度之和。色光混合中，三原色是朱红、翠绿、蓝紫。这三色光是不能用其他别的色光相混而产生的。

朱红光＋翠绿光＝黄色光
翠绿光＋蓝紫光＝蓝色光
蓝紫光＋朱红光＝紫红色光

图1-34

（2）减法混合

减法混合主要是指色料的混合。白色光线透过有色滤光片之后，一部分光线被反射而其余的光线被吸收，从而减掉一部分光线辐射功率，最后透过的光是两次减光的结果，这样的色彩混合称为减法混合。一般说来，透明性强的颜料，混合后具有明显的减光作用。

减法混合的三原色是加法混合的三原色的补色，即：翠绿的补色为红（品红）、蓝紫的补色为黄（淡黄）、朱红的补色为蓝（天蓝）。两种原色相混，产生的颜色为间色。

红色＋蓝色＝紫色
黄色＋红色＝橙色
黄色＋蓝色＝绿色

图1-35

（3）中性混合

中性混合是基于人的视觉生理特征所产生的视觉色彩混合，而并不变化色光或发光材料本身，混色效果的亮度既不增加也不减低，所以称为中性混合。

图1-36

图1-37

1.4 色彩混合应用案例欣赏

图1-40

图1-38

图1-39

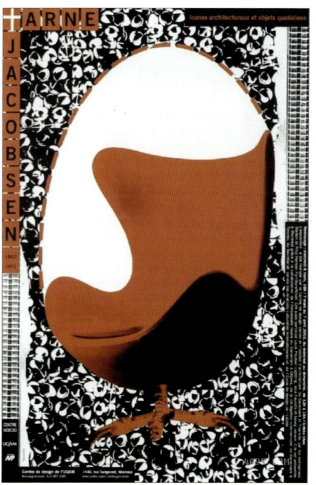

图1-41

高等职业教育艺术设计类专业实践教材

加强图像的明度对比，不外乎就
是使亮的更亮，暗的更暗。执行"色
阶"或者"曲线"命令后，在弹出的
对话框中，分别取用小吸管工具区下
面的三个点，再单击"确定"按钮，
完成加强对比的调整。

打开图片，执行"图像→调整→
色阶"。

2 Photoshop 实现色彩明度对比

2.1 色彩明度对比实例制作

本章介绍利用Photoshop的"色阶"或者"曲线"命
令加强图像的明度对比。

图2-01　原始图片

图2-02　完成效果图

①要将明度调整得与原始图片一样，首先必须对
比原始图片和完成效果图，找出区别后，才能做出相
应的调整。对比原始图片和完成效果图后，发现应该
在图像的对比上做文章，如果完成效果图的明度对比
度要比原始图片的对比度要强，就可以使用"色阶"
或者"曲线"命令，以加强图像的对比。

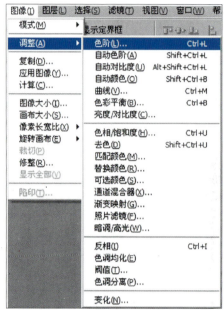

图2-03

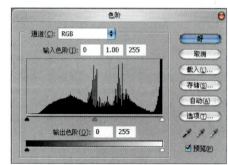

图2-04

图2-05

②再次对比原始图片和完成效果图，会发现完成效果图的明度对比上虽然加强了，但饱和度却降低了很多，所以我们执行"色相/饱和度"命令，以降低图像的饱和度。

③对比降低饱和度的图像与完成效果图，发现还有所不同，很明显这样的效果必须再加上一个颜色的遮罩。这时要用到"照片滤镜"命令，并在画面上新加一个图层，涂上绿色。

图2-09

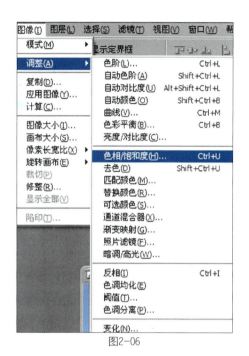

图2-06

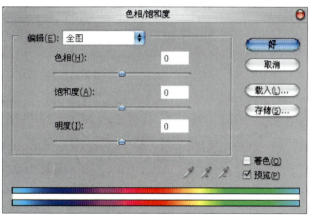

图2-07

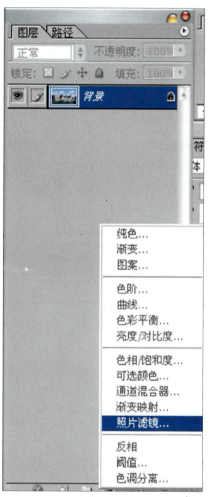

图2-10

图2-08

④将图层的混合模式改为"颜色"，再次与完成效果图对比一下，发现下半部分的颜色OK了，上半部分可对着图层的缩略图双击，在弹出的"图层样式"对话框中，对"混合颜色带"（图2-11、图2-12所示）进行设定。

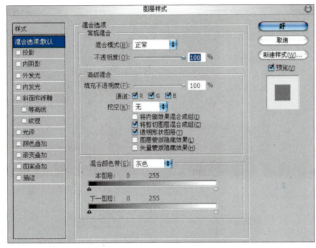

图2-11

图2-12

图2-13

⑤单击"确定"按钮，调色就完成了。

图2-14

2.2 工具小贴士

（1）色阶调整层

"色阶"对话框允许我们通过调整图像的阴影、中间调和高光的强度级别来矫正图像的色调范围和色彩平衡。"色阶"直方图用作调整图像基本色调的直接参考。

①在通道选项中，选取需要调整色阶的通道。

②外面的两个"输入色阶"滑块（C.阴影和E.高光）将黑场和白场映射到"输出"滑块的设置。

默认情况下，"输出"滑块位于色阶0（像素为全黑）和色阶255（像素为全白）。因此，在"输出"滑块的默认下，若移动黑色输入滑块，则会将像素值映射为色阶0；若移动白色输入滑块，则会将像素值映射为色阶255。其余色阶将在色阶0和255之间重新分布。这种重新分布将会增大图像的色调范围，实际上增强了图像的整体对比度。

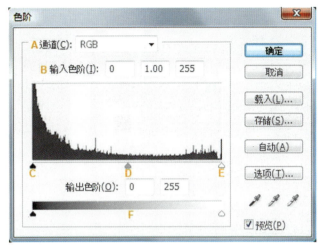

A. 通道
B. 输入色阶
C. 阴影
D. 中间调
E. 高光
F. 输出色阶

图2-15

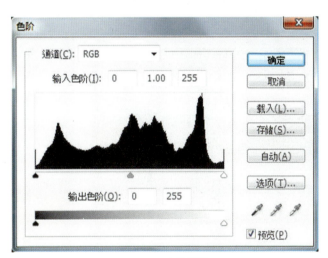

图2-16 色阶显示

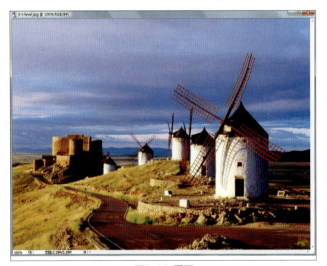

图2-17 原图

高等职业教育艺术设计类专业实践教材

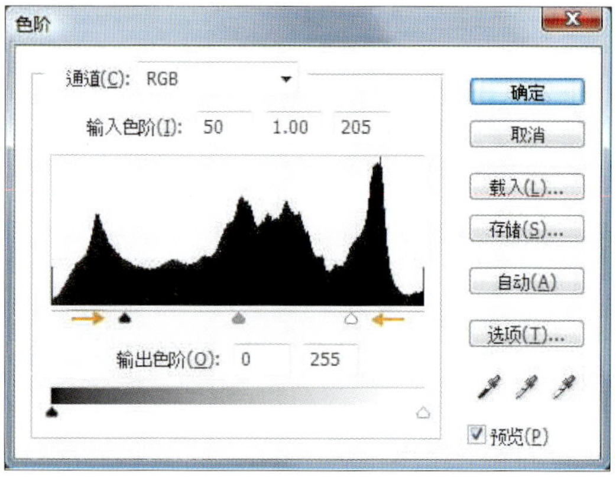

使用输入色阶滑块，调整白场和黑场

图2-18

图2-19

③要调整中间色调，请使用中间的"输入"滑块来调整灰度系数。

向左移动中间的"输入"滑块可使整个图像变亮（如图2-20、2-21所示）。

将中间的"输入"滑块向右移动会产生相反的效果，使图像变暗（如图2-22、2-23所示）。

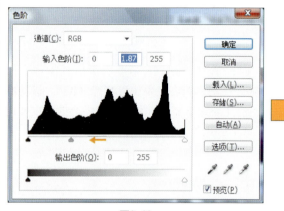

图2-20

图2-21

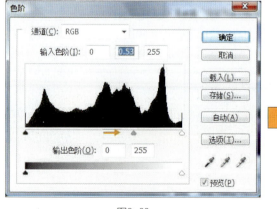

图2-22

图2-23

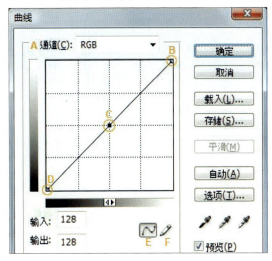

图2-24

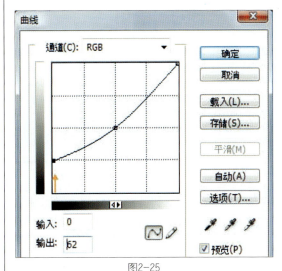

图2-25

A. 通道
B. 高光
C. 中间调
D. 阴影
E. 通过添加点来调整曲线
F. 使用铅笔绘制曲线

（2）曲线调整层

与"色阶"对话框一样，"曲线"对话框也允许我们调整图像的整个色调范围。但与只有3个调整功能（ 白场、黑场、灰度系数）的"色阶"不同，"曲线"允许我们在图像的整个色调范围（从阴影到高光）内最多调整14个不同的点。也可以对图像中的个别颜色通道进行精确的调整。

①当"曲线"对话框打开时，色调范围呈现为一条直的对角线。图表的水平轴表示像素（"输入"色阶） 原来的强度值；垂直表示新的颜色值（"输出"色阶）。

②如果将"曲线"对话框设置为显示色阶而不是百分比，则会在图形的右上角呈现高光（B）；移动曲线顶部的点将主要调整高光；移动曲线中心的点主要调整中间调（C）；而移动曲线底部的点则主要调整阴影（ D ）。

③如果想使阴影变亮，向上移动靠近曲线底部的点。希望高光变暗，向下移动靠近曲线顶部的点。

图2-26

向上移动曲线底部的点， 使阴影变亮

高等职业教育艺术设计类专业实践教材

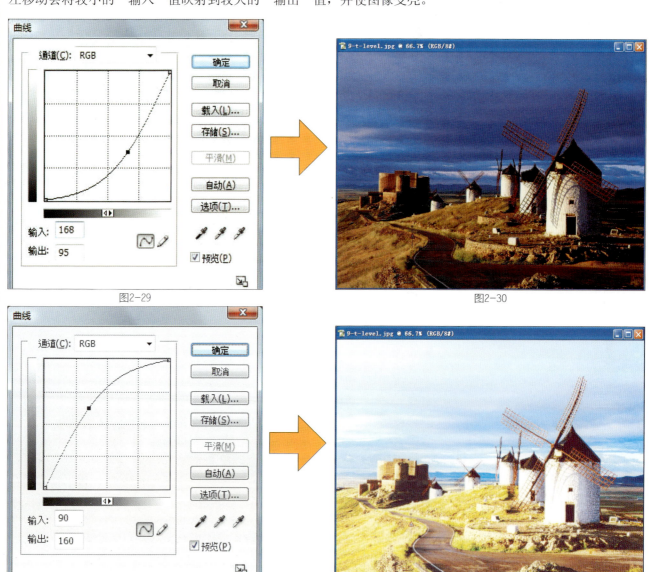

图2-27

图2-28
向下移动曲线顶部的点，使高光变暗

④将点向下或向右移动会将"输入"值映射到较小的"输出"值，并使图像变暗。相反，将点向上或向左移动会将较小的"输入"值映射到较大的"输出"值，并使图像变亮。

图2-29

图2-30

图2-31

图2-32

（3）"色相/饱和度"命令

使用"色相/饱和度"命令，可以调整图像中特定颜色分量的色相、饱和度和亮度，或者同时调整图像中的所有颜色。在Photoshop中，此命令尤其适用于调整CMYK图像中的特定颜色，以使它们包含在输出设备的色域内。

色相/饱和度调整滑块

A. 色相滑块值

B. 调整衰减而不影响范围

C. 调整范围而不影响衰减

D. 移动整个滑块

E. 调整颜色成分的范围

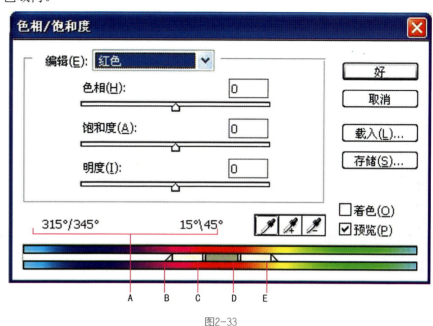

图2-33

①执行下列操作之一：选取"图像→调整→色相/饱和度"，或选取"图层→新调整图层→色相/饱和度"。在"新建图层"对话框中点按"好"。

②在"色相/饱和度"对话框中，从"编辑"菜单中选取个别颜色。

该对话框中会显示四个色轮值（用度数表示），它们与出现在这些颜色条之间的调整滑块相对应。两个内部的垂直滑块定义颜色范围；两个外部的三角形滑块显示：在调整颜色范围时在何处"衰减"（羽化或锥化调整，而不是精确定义是否应用调整）。

③使用吸管工具或调整滑块来修改颜色范围。

用吸管工具在图像中点按或拖移以选择颜色范围。要扩展颜色范围，用"添加到取样"吸管工具在图像中点按或拖移。要缩小颜色范围，用"从取样中减去"吸管工具在图像中点按或拖移。当吸管工具被选中时，也可以按Shift键来添加到范围，按Alt键（Windows）或Option键（Macos）从范围中减去。

拖移其中一个白色三角形滑块，可以调整颜色衰减量（羽化调整）而不影响颜色范围。

拖移三角形和竖条之间的区域，可以调整范围而不影响衰减量。

拖移中心区域以移动整个调整滑块（包括三角形和垂直条），从而选择另一个颜色区域。

拖移其中的一个白色垂直条来调整颜色分量的范围。从调整滑块的中心向外移动垂直条并使其靠近三角形，增加颜色范围并减少衰减。将垂直条移近调整滑块的中心并使其远离三角形，缩小颜色范围并增加衰减。

按住Ctrl键（Windows）拖移颜色条，使不同的颜色位于颜色条的中心。

如果修改调整滑块，将它归入不同的颜色范围，则其在"编辑"菜单中的名称改变会反映这个变化。例如，如果选取"黄色"并改变它的范围，使它归入颜色条的红色部分，则它的名称更改为"红色2"。可以将六个单独的颜色范围转换为多个相同的颜色范围（例如，"红色"到"红色6"）。

> 默认情况下，选取颜色成分时所选的颜色范围是30°宽，即两头都有30°的衰减。
>
> 衰减设置得太低会在图像中产生带宽。

④打开图片，首先对图片进行一下调整，选择"图像→调整→色相/饱和度"命令。

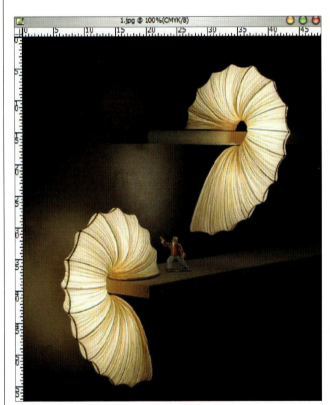

图2-34

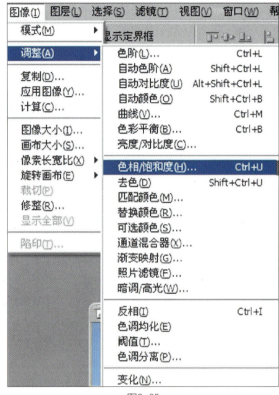

图2-35

⑤选中整幅图片，根据图像需要调整明度数值（-100~+100）。

图2-36

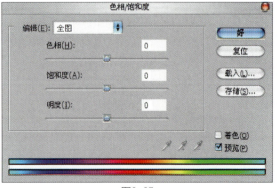

图2-37

⑥选取明度数值并执行命令后选择"文件→存储"命令，一张简单的调整明度的图片就做好了。

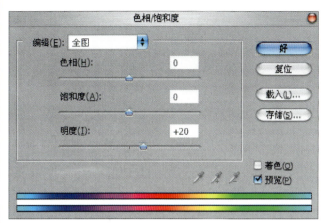

图2-38

图2-39

（4）"色相/饱和度"中"着色"命令

在图层面板中点击"新建填充/调整图层"按钮，在弹出的命令中选择"色相/饱和度"，打开"色相/饱和度"对话框，选择"着色"选项，设置"色相"为330，"饱和度"为65，"明度"为0，单击"好"，图像变为红色。

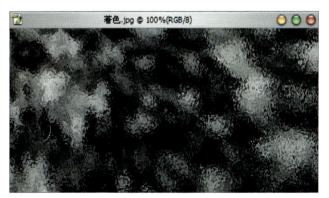

图2-40

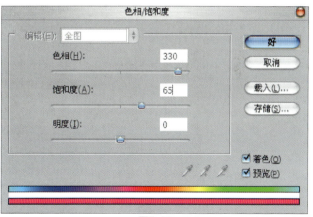

图2-42

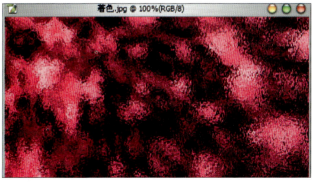

图2-41

高等职业教育艺术设计类专业实践教材

2.3 色彩知识：色彩明度知识

（1）色彩的明度

明度是指色彩的明暗程度。光的明暗度称亮度。明度由光的振幅决定，振幅宽则亮度高，振幅窄则亮度低。物体受光量越大，反光越多，则物体颜色越浅；反之，则越深。黑色反光率最低，白色反光率最高。将黑色和白色列为色彩明度的两极，黑色作为0度色标，白色作为10度色标，它们之间的色分为9个明度色阶，形成了一个明度色阶序列。

色彩的明度是指色彩的明暗程度，不是指单纯的颜色。对于任何一种颜色，加白或者加黑都会使明度有所改变。加"白"使明度提高，加"黑"使明度降低；同时也改变了色彩的纯度，加"白"与加"黑"都会使纯度降低或者透明度增高。

图2-43

图2-44

图2-45

图2-46

（2）色彩的明度对比

由色彩的明暗差异而形成的对比，称为明度对比。色彩最深的黑色到最亮的白色之间，被分为11个等明度色阶，白为10度，黑为0度。最暗的色阶0～3度为低调色，色阶4～6度为中调色，最亮的色阶7～10度为高调色。

在低、中或高调色内明度色的对比为弱对比，称为短调。在低和中调色或中和高调色之间的对比是比较强的对比，称为中调。在高和低调色之间的对比是强对比，称为长调。

由于明度对比程度的不同，调子的视觉作用和感情影响各有特点。

高明度基调使人联想到的是晴空、清晨、朝霞、鲜花、溪流、女人用的化妆品……明亮的色调给人的感觉是轻快、柔软、明朗、娇媚、纯洁，但如应用不当会使人感觉疲劳、冷淡、柔弱、病态。

中明度色调给人以稳重、文静、老成、庄重、刻苦、平凡的感觉，如运用不好可造成呆板、贫穷、无聊的感觉。

低明度色调给人的感觉沉重、浑厚、强硬、刚毅、神秘，也可构成黑暗、阴险、哀伤等感觉。

彩色明度对比

图2-47　低明度　　　　　　　图2-48　中明度　　　　　　　图2-49　高明度

单色明度对比

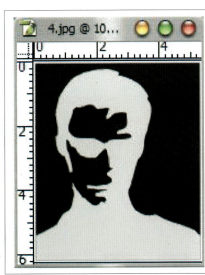 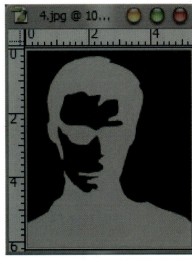 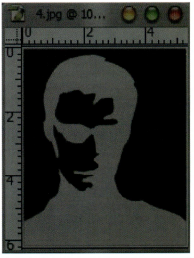

图2-50　　　　　　　　　　　图2-51　　　　　　　　　　　图2-52

高等职业教育艺术设计类专业实践教材

2.4 色彩明对对比应用案例欣赏

图2-53

图2-54

图2-55

图2-56

图2-57

图2-58

图2-59

图2-60

图2-61

图2-62

图2-63

图2-64

图2-65

图2-66

图2-67

图2-68

图2-69

图2-70

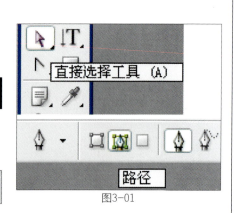
图3-01

3 Photoshop 实现色彩色相对比

3.1 色彩色相对比实例制作

本章介绍利用Photoshop的套索、填充工具制作图形。

①制作路径并调整路径。

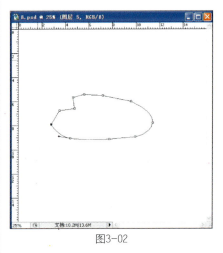

图3-02 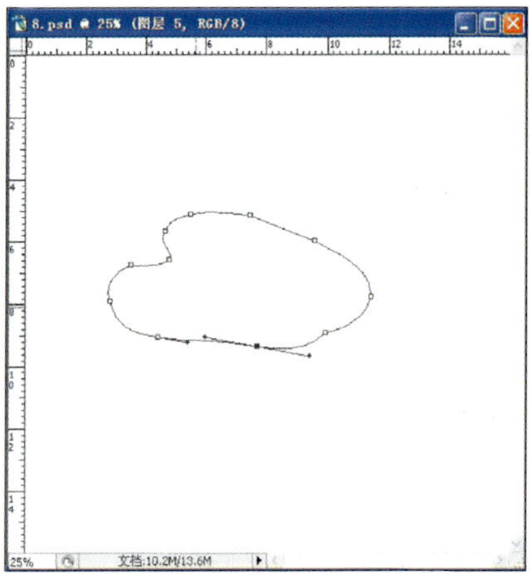　　　　　　　　图3-03

图3-04

④拷贝图像。

剪切、复制、粘贴、移动图像的某些部分至该文档的其他区域或其他文件中去。

②点击"编辑→变换→缩放"。

③按Shift键不放并拖动鼠标。

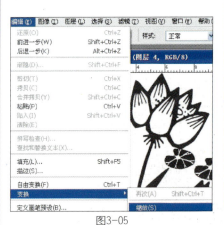

图3-05

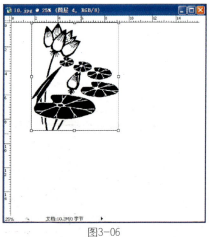

图3-06

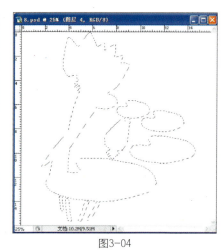

图3-07

比例（Scale）：对选区中的图像进行放大、缩小和拉伸等操作，是通过改变矩形的长和宽实现的。

⑤点击渐变工具着色选区，可以采用不同的方向形成混合色。

渐变有线性渐变、径向渐变、角度渐变、对称渐变、菱形渐变。

⑥变换选区。

⑦填充颜色使用工具为油漆桶（Paint Bucket）。

图3-08

图3-09

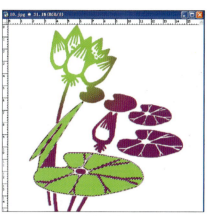

图3-10

⑧继续填充颜色以达到最佳效果。

图3-11

⑨填充背景层。把前景色设为目标颜色，用添充工具进行背景着色。

⑩填充背景层。

⑪填充背景层。

图3-12

图3-13

图3-14

高等职业教育艺术设计类专业实践教材

⑫填充背景层。　　　　点击"编辑→变换→缩放"命令，制作完成。

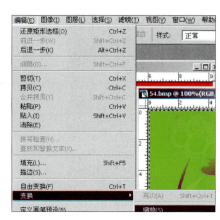

图3-15

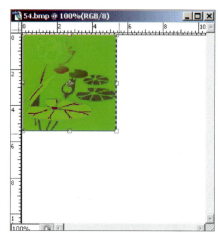

图3-16

图3-17

画笔、喷枪、油漆桶工具都是用前景色进行着色的；橡皮擦是使用背景色进行着色的，并且擦除一个图像的某些部分，使一个透明的背景能透过图像显示出来。

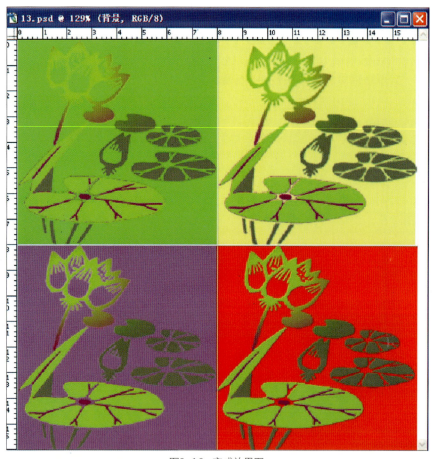

图3-18　完成效果图

3.2 工具小贴士

"钢笔工具"用来绘制路径，如图3-19。

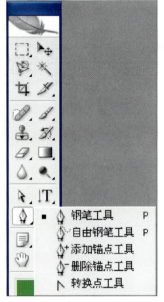

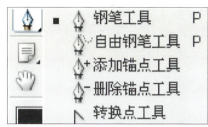

图3-21

图3-19

"钢笔工具"和"自由钢笔工具"都可以用来绘制平滑的路径，使用时单击并拖动鼠标即可。使用"添加锚点工具"在路径上可以添加锚点，使用"删除锚点工具"单击锚点，则是删除锚点。"转换点工具"是用来编辑路径形状的工具。

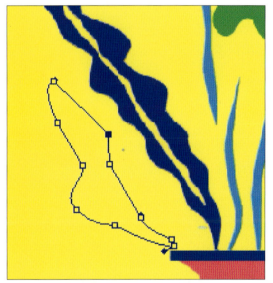

图3-20

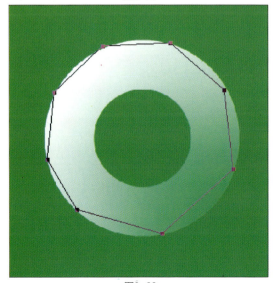

图3-22

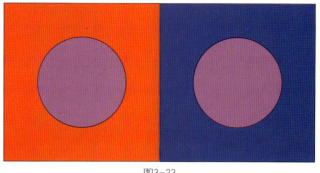

图3-23

3.3 色彩知识：色相对比

　　因色相的差别而形成的色彩对比关系被称为色相对比。

　　色相对比是一种相对单纯的色彩对比关系，视觉效果鲜明、亮丽。为了说明色相对比的规律和视觉效果，我们根据色相环的排列顺序，将色相对比分为同一色相对比、类似色相对比、对比色相对比、互补色相对比。

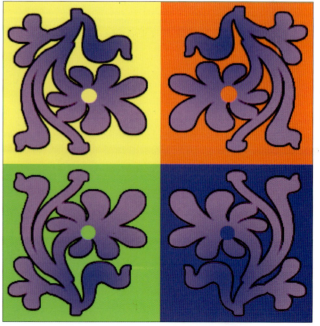

（1）同一色相对比

　　所谓同一色相，是指两个颜色在色相环上的位置相近，相距5°左右。在对比关系上就是一个色与相邻的另一个色进行对比所产生的对比效果较弱，这在色彩学中被称为同一色对比。

（2）类似色相对比

　　类似色相是指两个颜色在色相环上的位置相距60°左右。两色之间色差不大，属于中弱对比。比较同一色相对比，它显得统一中有变化，变化中不失和谐。

图3-24

（3）对比色相对比

　　对比色相的两色在色相环上相距较远，两色之间的共同因素相对减少，在色相环上相距120°左右。这在色彩学中被称为对比色相对比。它们的视觉效果鲜明、强烈，属于中强对比。

（4）互补色相对比

　　互补色相是指两色的位置在色相环直径的两端，相距180°，是色距最远的两个色。它们的对比关系是最强烈、最具刺激性的，在色彩学中被称为互补色相对比，属于强对比。

图3-25

3.4 色彩色相对比应用案例欣赏

图3-26

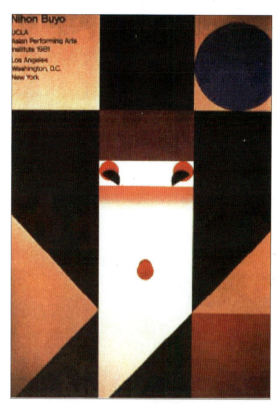

图3-27

图3-28

图3-29

图3-30

图3-31

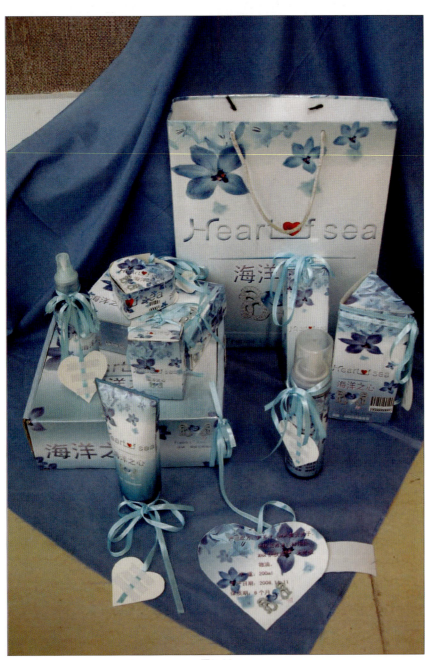

图3-32

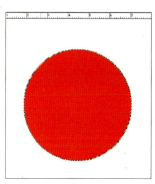

图4-02

4 Photoshop 实现色彩纯度对比

4.1 色彩纯度对比实例制作

①点击"椭圆选框工具"。

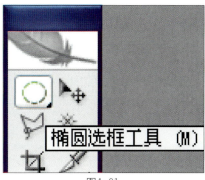

图4-01

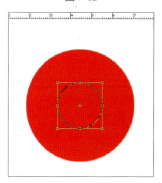

图4-03

②对图片进行调整，点击"多边形套索工具"。

图4-04

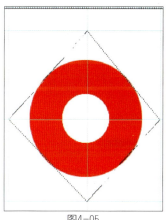

图4-05

③选择"选择→修改→边界"，调出对话框。

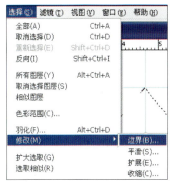

图4-06

图4-07

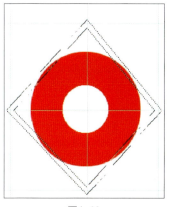

图4-08

高等职业教育艺术设计类专业实践教材

④利用"套索工具"绘制选
区，然后填充颜色。"套索工具"
实际上可以当作一个徒手工具来使
用，可以用来描画形状不规则的轮
廓。

图4-09

⑤设置辅助线。

图4-10

⑥选择"图像→调整→色相/饱
和度"，调出对话框，设置参数。

图4-11

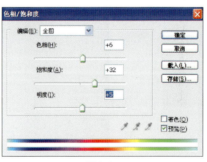

图4-12

图4-13

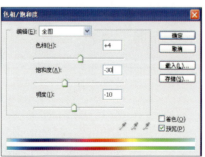

图4-14

图4-15

⑦调出"色相/饱和度"对话框，设置参数来调节色彩平衡。

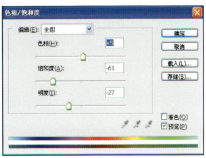

图4-16

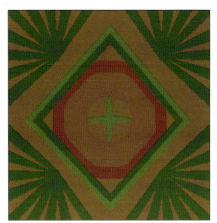

图4-17

⑧合并图层。

点击"图层→合并可见图层"，制作完成。

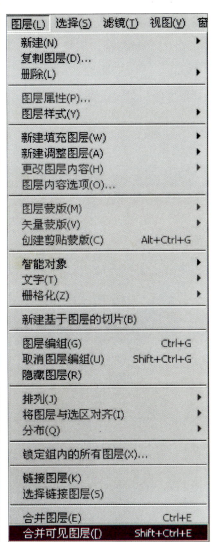

图4-19

图4-18

图4-20 完成效果图

4.2 色彩调整

①选择"图像→调整"，可以对图像进行色阶、色彩平衡、亮度/对比度和曝光度等参数的调整。

图4-21

图4-22

图4-23

②选择"图像→调整→替换颜色"，可以对图像进行色彩改变。

图4-24

图4-25

图4-26

4.3 色彩知识：色彩纯度对比

纯度对比是指因色彩纯度差别而形成的对比关系。通俗地讲，纯度对比就是艳丽的色和含灰色的比较。所谓含灰色即是纯色加入其他色后形成的颜色。为了进一步说明纯度对比的原理，我们可以借助图来理解。

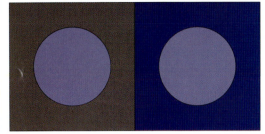

图4-27

图4-28

①高纯度——活泼、刺激、膨胀。

图4-29

②中纯度——文雅、可靠。

图4-30

图4-32

③低纯度——平淡、陈旧、无力。

图4-31

图4-33

4.4 色彩纯度对比应用案例欣赏

图4-34

图4-35

图4-36

图4-37

①打开图片。点击"快速蒙版"，设置参数。

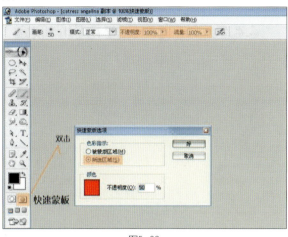

图5-03

5 Photoshop 实现色彩的其他对比

5.1 色彩冷暖对比实例制作

本章介绍利用Photoshop的快速蒙版、画笔工具、色相/饱和度和上色工具，制作实现色彩的冷暖对比效果。

开始制作之前，我们先来看一下制作之前和完成之后的效果。

图5-01　原始图片

②用纯黑色画出头发的选区，在一些边缘的地方由于头发比较稀少，可以适当减小不透明度。

图5-04

③按Q键，回到正常模式调出选区，按Ctrl+U键进行着色。

图5-02　完成效果图

图5-05

高等职业教育艺术设计类专业实践教材

④为了方便以后的修改，最好把选区存储起来。

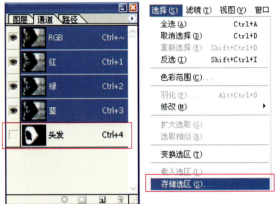

图5-06

图5-07

⑤开始对图像上色。注意：背景色最好在新建的图层上完成。

图5-08

⑥修改图片。在前面加一些红色，在后面加一些绿色。

图5-09

图5-10

图5-11 嘴唇

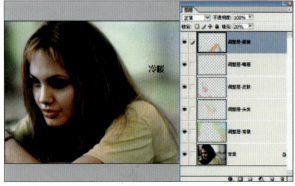

图5-12 衣服

⑦用"海绵工具"，选择"加色"模式。适当增加前面的衣服的色彩纯度。

图5-13

⑧最后，检查、完成。

图5-14

图5-15

图5-16

5.2 工具小贴士

（1）蒙版

当要改变图像某个区域的颜色，或者要对该区域应用滤镜或其他效果时，蒙版可以隔离并保护图像的其余部分。当选择某个图像的部分区域时，未选中区域将"被蒙版"或受保护以免被编辑。也可以在进行复杂的图像编辑时使用蒙版，比如将颜色或滤镜效果逐渐应用于图像。

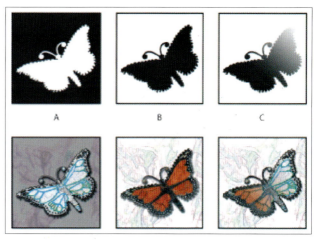

图5-17

蒙版示例：
A.用于保护背景并编辑外壳的不透明蒙版
B.用于保护外壳并为背景着色的不透明蒙版
C.用于为背景和部分外壳着色的半透明蒙版

蒙版和通道是灰度图像，因此可以像编辑其他图像那样进行编辑。对于蒙版和通道，绘制为黑色的区域可受到保护，绘制为白色的区域可进行编辑。使用蒙版可以将耗时的选区存储为Alpha通道并重新使用该选区。Alpha通道可以存储选区，并能再次使用它们，也可将存储的选区载入另一个图像中。

Photoshop允许按如下方式创建蒙版：

①"快速蒙版"模式。

允许以蒙版形式编辑任何选区。将选区作为蒙版来编辑的优点是几乎可以使用任何Photoshop工具或滤镜修改蒙版。例如，如果用选框工具创建了一个矩形选区，可以进入"快速蒙版"模式并使用画笔扩展或收缩选区，也可以使用滤镜扭曲选区边缘，还可以存储和载入Alpha通道中使用"快速蒙版"模式建立的选区。

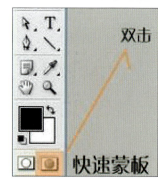

图5-18

②Alpha通道。

允许存储和载入选区。可以使用任何编辑工具来编辑Alpha通道。当在"通道"调板中选中通道时，前景色和背景色以灰度值显示。

要使用"快速蒙版"模式，请从选区开始，然后给它添加或从中减去选区，以建立蒙版。或者，在"快速蒙版"模式下创建整个蒙版。受保护区域和未受保护区域以不同颜色进行区分。当离开"快速蒙版"模式时，未受保护区域成为选区。

当在"快速蒙版"模式中工作时，"通道"调板中出现一个临时快速蒙版通道。但是，所有的蒙版编辑是在图像窗口中完成。

图5-19

③创建临时蒙版。

a.使用任一选区工具，选择要更改的图像部分。

b.点按工具箱中的"快速蒙版"模式按钮，颜色叠加（类似于红片）覆盖并保护选区外的区域。选中的区域不受该蒙版的保护。默认情况下，"快速蒙版"模式会用红色、50%不透明的叠加为受保护区域着色。

在"标准"模式和"快速蒙版"模式下选择：A."标准"模式、B."快速蒙版"模式、C.选中的像素在通道缩略图中以白色显示、D.红宝石色叠加保护选区外的区域，未选中的像素在通道缩略图中以黑色显示。

c.要编辑蒙版，请从工具箱中选择绘画工具。工具箱中的色板自动变成黑白色。

d.用白色绘制可在图像中选择更多的区域（颜色叠加会从用白色绘制的区域中移去）。要取消选择区域，请用黑色在它们上面绘制（颜色叠加会覆盖用黑色绘制的区域）。用灰色或另一种颜色绘制可创建半透明区域，这对于羽化或消除锯齿效果非常有用（当退出"快速蒙版"模式时，半透明区域可能不以选中状态出现，但实际上它们处于选中状态）。

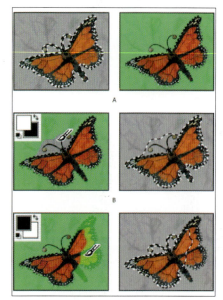

图5-20

在"快速蒙版"模式下绘制：A.原来的选区和将绿色选作蒙版颜色的"快速蒙版"模式、B.在"快速蒙版"模式下用白色绘制可添加到选区、C.在"快速蒙版"模式下用黑色绘制可从选区中减去。

e.点按工具箱中的"标准"模式按钮，关闭"快速蒙版"并返回到原图像。

如果羽化的蒙版被转换为选区，则边界线正好位于蒙版渐变的黑白像素之间。选区边界表明像素转换正从选中的像素不足50%变为选中的像素多于50%。

f.将所需更改应用到图像中。更改只影响选中区域。

g.选取"选择→取消选择"来取消选择选区，或存储选区。

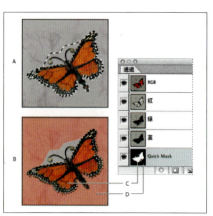

图5-21

④更改"快速蒙版"选项。

a.在工具箱中，点按两次"快速蒙版"模式按钮。

b. 从下列显示选项中选取：

"被蒙版区域"可使被蒙版区域显示为黑色（不透明），使选中区域显示为白色（透明）。用黑色绘画可扩大被蒙版区域，用白色绘画可扩大选中区域。使用该选项时，工具箱中的"快速蒙版"按钮显示为灰色背景上的白圆圈 ◯ 。

"所选区域"可使被蒙版区域显示为白色（透明），使选中区域显示为黑色（不透明）。用白色绘画可扩大被蒙版区域，用黑色绘画可扩大选中区域。使用该选项时，工具箱中的"快速蒙版"按钮显示为白色背景上的灰圆圈 ◯ 。

c. 要选取新的蒙版颜色，请点按颜色框并选取新颜色。

d. 要更改不透明度，请输入一个0～100%的数值。颜色和不透明度设置都只是影响蒙版的外观，对如何保护蒙版下面的区域没有影响。更改这些设置能使蒙版与图像中的颜色对比更加鲜明，从而具有更好的可视性。

（2）画笔

画笔工具是绘画和编辑工具的重要部分。画笔决定着描边效果的许多特性。Photoshop提供了各种预设画笔，同时也可以使用"画笔"调板来自定画笔。

① 新建空白文件，用画笔勾勒出模特身体的形状。

图5-22

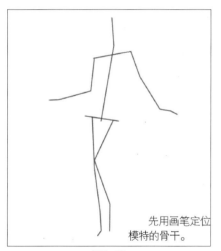

先用画笔定位模特的骨干。

图5-23

勾出模特头部，注意线条的平滑，因为最后要填充黑色，所以头发可忽略。

图5-24

勾出模特手臂，注意衣服褶绉等细节。

图5-25

勾出模特身体。

图5-26

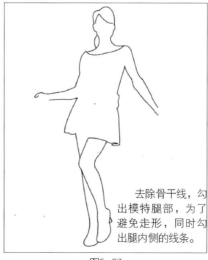

去除骨干线，勾出模特腿部，为了避免走形，同时勾出腿内侧的线条。

图5-27

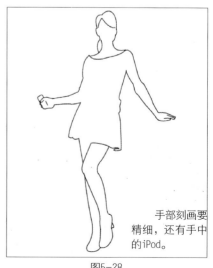

手部刻画要精细，还有手中的iPod。

图5-28

高等职业教育艺术设计类专业实践教材

②用填充工具填充颜色，做出完整的海报效果。

给模特填充黑色，将iPod的位置空出来。
图5-29

背景填充桃红色，也可根据自己喜好填充其他色彩。
图5-30

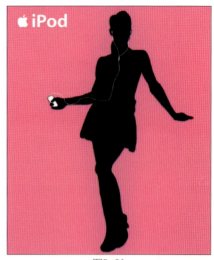
图5-31

③一张色彩对比强烈的商业海报就做好了。

（3）海绵工具

海绵工具 是一种调整图像色彩饱和度的工具，可以提高或降低色彩的饱和度。海绵工具的任务栏如图所示。包括画笔选项、模式、压力、笔刷动力。

图5-32

图5-33 提高了色彩饱和度的效果图

图5-34 降低了色彩饱和度的效果图

5.3 色彩知识：冷暖明度对比与面积明度对比

（1）冷暖明度对比

两个以上颜色并置，由色彩感觉的冷暖差别形成的对比关系叫冷暖对比。

冷暖感觉本是触觉对外界的反应，由于人们生活于色彩世界的经验以及人体的生理功能，使人的视觉逐渐变为触觉的先导，看到红、黄色会感觉温暖，看到蓝、青、绿、紫色会感觉凉冷。红色具有膨胀和前进感，蓝色具有收缩感。暖色使人兴奋、积极、躁动，冷色则使人冷静、消极、压抑。在艺术设计中，如果善于利用色彩冷暖对比的丰富特性来加强空间感、层次感的表现力，则能使设计引人注目，达到良好的视觉效果。

图5-35

图5-36

图5-37

图5-38

（2）面积明度对比

色彩对比中，各种色彩在画面中所占面积比例的大小形成的色彩对比关系叫面积对比。在色彩构图时若觉一色太重，而另一色太轻，则难以在视觉上引起观者的注意。可见除了改变色相、纯度、明度外，改变色彩所占据的面积也十分重要。

歌德把一个色相环分成36等份，以面积的大小表示色彩的力量比，图中黄占3份、橙占4份、红占6份、绿占6份、蓝占8份、紫占9份，可知色彩的面积与明度成反比关系。

图5-39

图5-40

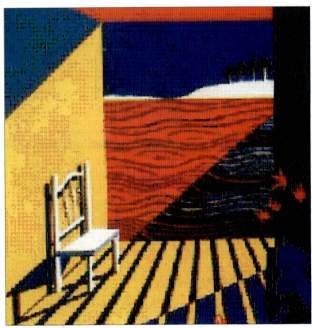

图5-41

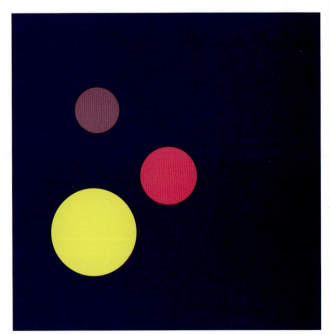

图5-42

5.4 色彩对比应用案例欣赏

（1）冷暖对比

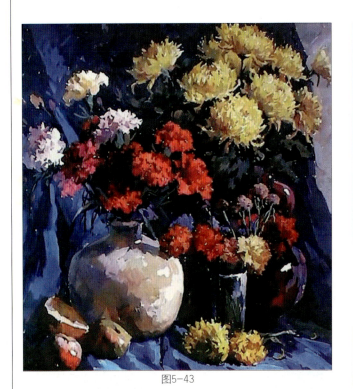

图5-43

图5-44

图5-46

图5-45

高等职业教育艺术设计类专业实践教材

（2）面积对比

图5-47

图5-49

图5-48

图5-50

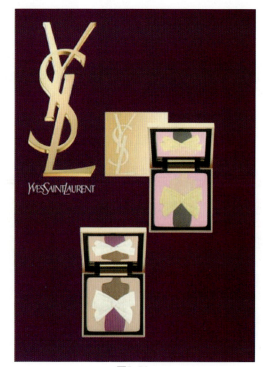

图5-51

图5-52

图5-53

图5-54

图5-55

图5-56

图5-57

6 Photoshop 实现无色彩调和

6.1 无色彩调和实例制作

本章介绍利用Photoshop的套索工具、蒙版制作选区，创建专色通道，为专色通道添加着色区域，绘制以无色彩系进行调和的靓丽图片。

图6-01 原始图片

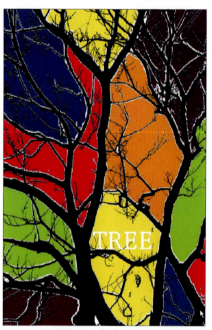

图6-02 完成效果图

①打开图片，执行"图像→调整→去色"命令，将彩色图像转换为黑白图像。

巧妙地利用黑色树枝的自然形态作为分割线，划分色彩区域。

图6-03

图6-04

②对图片进行一下调整，按Ctrl+L键打开"色阶"调板调整图片的色阶，使亮部与暗部更加清晰。

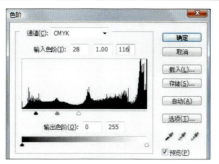

图6-05

图6-06

③使用"套索工具"大体分割颜色区域，所选择的区域范围的外边缘不是十分贴合枝杈的边缘。

执行"选择→色彩范围"进行再次选择。

图6-07

图6-08

在弹出的面板中，调整各项数值，鼠标放置在图像中需要选择的颜色上，点击选取颜色，在数值范围之内的颜色自动产生选区，这样图像外边缘会变整齐，图像内细小的枝杈也产生了一些选区。

图6-09

图6-10

049

④单击工具箱中的"快速蒙版"图标，暂时将选区转换成一个蒙版，以便使用绘图工具进行修改。

图6-11

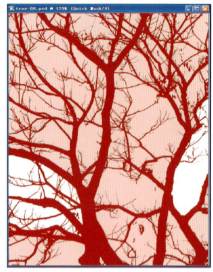

图6-12

⑤选择"画笔工具"，选取圆形的硬边画笔，在蒙版中将选区中过于细小、杂乱的选区剔除掉。

去色是一个对图像调整色彩变化很大的命令，应用后会将图像的饱和度降到最低，让色彩的强度消失，使图像近乎一种黑白效果。但图像仍以原本的色彩形式存在。

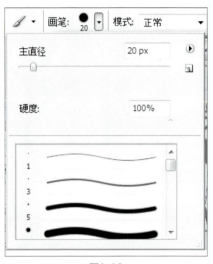

图6-13

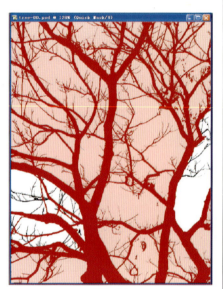

图6-14

⑥创建第一个专色通道。

使用形状信息开始创建专色通道，它用来告诉Photshop想在哪里使用自定义油墨。

首先，在按下Ctrl键的同时单击"图层"面板上图层的名称，将图层中的形态作为选区载入。

打开"通道"面板，在"通道"面板的右上角的弹出菜单中选择"新建专色通道"。

图6-15

在打开的"新建专色通道"调板上，单击"颜色"项右边的示例颜色，打开"拾色器"调板，单击右边的"颜色库"按钮，转换为"颜色库"调板，选择需要的颜色。

图6-16

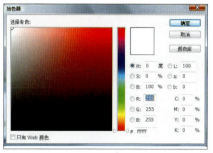

图6-17

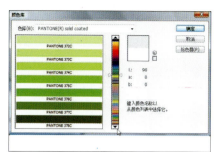

图6-18

单击"确定"按钮，回到"新建专色通道"调板，"名称"项自动替换为所选择颜色的名称，"密度"项使用默认的0，按"确认"。第一个专色通道创建完成。

图6-19

⑦接下来，创建其他的专色通道，创建方法步骤同前。

图6-20

图6-21

图6-22

图6-23

图6-24

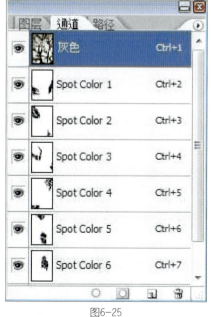

图6-25

高等职业教育艺术设计类专业实践教材

⑧最后我们再加上一个文字专色通道。

打开"图层"面板，在工具栏中选择 T "文字工具"，在图像上单击鼠标，输入需要的文字，选择适当的字体与字号，使用移动工具，将文字放置到适当的位置上。

图6-26

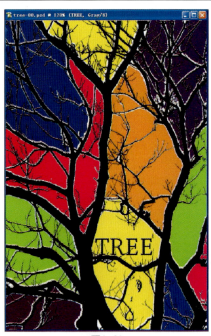

图6-28

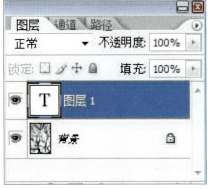

图6-27

⑨再将文字作为选区载入，打开"通道"面板，在"通道"面板的右上角的弹出菜单中选择"新建专色通道"，在打开的"新专色通道"调板上，单击"颜色"项右边的示例颜色，打开"拾色器"调板，使用鼠标选择需要的颜色，或者直接输入颜色数值确定颜色。

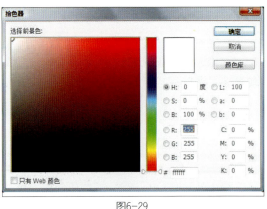

图6-29

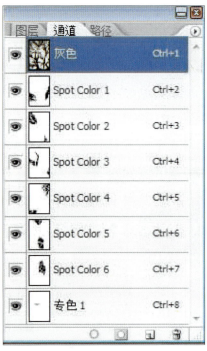

图6-31

图6-30

图6-32

⑩制作完成。

图中的较高纯度的、强对比的颜色区域，被无色彩系的黑、白两色线条分割开来，黑色的分割线使用了树枝的自然形态的剪影，白色的分割线为色彩浓重的画面保留了呼吸的间隙。由于无色彩系的分割，画面中的对比颜色的对比强度有所减弱，产生了和谐的状态。

整体风格上，给人以波普风格的感觉。

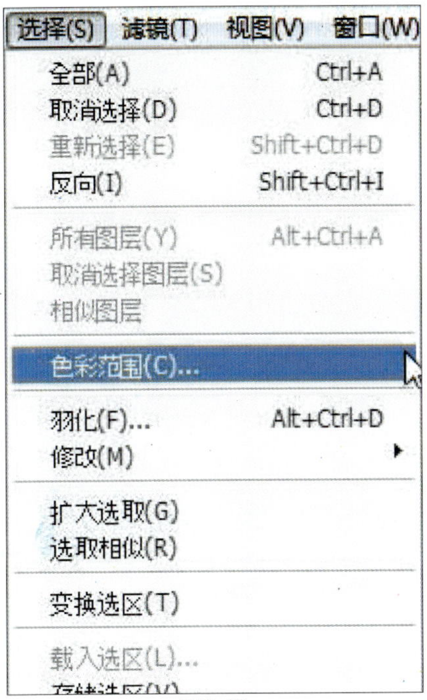

图6-33

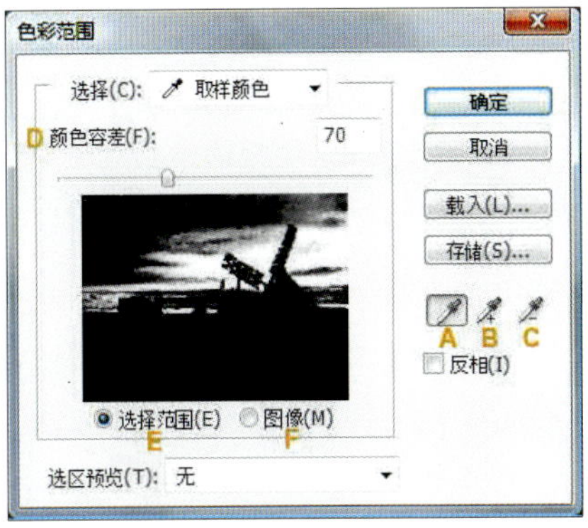

6.2 工具小贴士

（1）色彩选择

选择现有选区或整个图像指定的颜色或颜色子集，选择"色彩范围"。

①点击"选择→色彩范围"。

②在选择项中，选取"取样颜色"工具（见图6-34），将指针放在图像或预览区上点击，进行取样。

③选择显示选项：
选择范围：在建立选区时只预览选区（见图6-34）。
图像：预览整个图像。例：可能需要从不在屏幕上的一部分图像中取样（见图6-34）。

④移动"颜色容差"滑块或输入一个数值来调整颜色范围。"颜色容差"选项通过控制相关颜色（见图6-34）包含在选区中的程度来部分选择像素。

减小选中的颜色范围，将数值减小。增大"颜色容差"将扩展选区。

⑤调整选区。
加色：选择"加色吸管"工具，在选区中点选（见图6-34）。
减色：选择"减色吸管工具"，在选区中点选（见图6-34）。

图6-34

053

（2）快速蒙版

快速蒙版模式允许我们使用蒙版模式编辑任何选区。将选区作为蒙版来编辑的优点是几乎可以使用任何Photoshop工具或滤镜修改蒙版。

在本章中，我们使用"色彩范围"创建一个选区，进入"快速蒙版"模式，并使用画笔来扩展选区。

当在"快速蒙版"模式中工作时，"通道"调板中会出现一个临时快速蒙版通道。但是，所有的蒙版编辑是在图像窗口中进行的。

默认情况下，"快速蒙版"模式会以50%不透明的红色叠加，覆盖、保护选区外的区域。

使用白色绘制，可增加选区。使用黑色绘制，则减少选区。

点击"快速蒙版"旁的"标准"模式按钮，可以关闭快速蒙版模式，并返回到原图像。

A.标准模式按钮
B.快速蒙版模式按钮

图6-35

（3）专色通道

当需要精确匹配一个标准的合成色，或者获取亮橙色、亮绿色，或者实现无法从CMYK油墨处理获得的色彩时，就必须从自定义颜色或是专色中作出选择。

专色是特殊的预混油墨，用于替代或补充印刷色（CMYK）油墨。在印刷时每种专色都要求专用的印版。要印刷带有专色的图像，则需要创建存储这些颜色的专色通道。

要使用专色填充选区时，请先选择或载入选区，执行创建选区的操作（1.按住Ctrl键，点击"通道"调板中的"新通道"按钮；2.从"通道"调板菜单中选取"新专色通道"）。

如果选择了选区，则该选区由当前指定的专色填充。

如果选取了自定义专色，通道将自动采用该颜色的名称。在拾色器中定义的颜色要进行命名，以便读取文件的其他应用程序能够识别它们，否则可能无法打印文件。

专色的"密度"，输入0～100%间的一个数值。

6.3 色彩知识：色彩调和

（1）色彩调和原理

①和谐来自对比。

从视觉的生理角度上讲，互补色的配和是调和的，因为人在看到某一色时总愿看到其补色，从而得到视觉上的平衡。

伊登说："眼睛看到任何一种特定色彩的同时，都会要求看到它的相对补色，如果这种补色还没有出现，那么眼睛会自动地将它产生出来。"正是靠这种事实的力量，色彩和谐的基本原理才包含了补色的规律。

图6-36

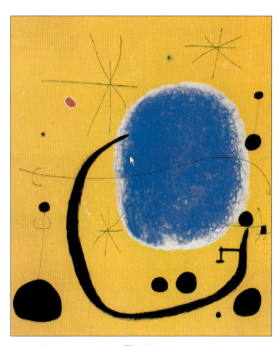
图6-37

②秩序产生和谐。

由于人生活在自然中，来自自然色调的配色和连续性，就成为人视觉色彩的习惯和审美经验。自然界景物的明暗、光影、强弱、冷暖、灰艳、色相等色彩的变化和相互关系都有一定的"自然秩序"，即自然的规律。如：光线照射着一个物体，必然会产生高光、亮部、明暗交界线、暗部、反光、投影，其变化是有秩序的、有节奏的以及非常和谐的。

图6-38

图6-39

高等职业教育艺术设计类专业实践教材

③和谐产生节律。

在视觉上，既不过分刺激，又不过分暧昧的配色才是调和的。配色好像谱曲，没有起伏的节奏，则平板单调；一味高昂紧张则杂乱、反常。配色的调和取决于是否明快。过分刺激的配色容易使人产生视觉疲劳，感觉精神紧张、烦躁不安；过分暧昧的配色由于色彩过分接近而模糊，以致分不出颜色的差别，同样也容易使人产生视觉疲劳，感到不满足、乏味、无兴趣。因此，变化与统一是配色的基本法则。变化里面求统一，统一里面求变化，各种色彩相辅相成才能取得配色美。

图6-40

图6-41

④满足需求就是和谐。

能引起观者审美心理共鸣的配色是调和的。由于各个民族以至每个人的生理特点（如性别、年龄等）、心理变化（如欢乐、喜悦、悲哀等）和所处的社会条件（如政治、经济、文化、科学、艺术、教育等）与自然环境不同，从而表现在气质、性格、爱好、兴趣、风格、习惯等方面有所不同，在色彩方面则各有偏爱。各个时代、各个地区、各个时期，人们对色彩的审美要求、审美理想也是不一样的。

当配色反映的情趣与人的思想情绪发生共鸣时，也就是当色彩配合的形式结构与人的心理形式结构相对应时，色彩的和谐使人们感到愉快。因此，设计色彩时必须研究不同对象的色彩喜好心理，分析情况，区别对待，做到有的放矢。

图6-42

图6-43

⑤实用即是和谐。

配色必须考虑到实用性和目的性。用于交通信号、路标的色彩要求突出，因此用对比强烈的色彩进行配色是适用的；用于工作场所的色彩一般应选柔和明亮的配色，避免使用过分刺激、容易导致视觉疲劳、降低工作效率的配色。建筑设计、室内设计、服装设计、商业设计、工业设计等由于实用功能各异，对配色都有特定的要求。

图6-44

图6-45

图6-46

除上述以外，色彩的调和还与色彩的形状、位置、组合形式、表现内容等因素有关。总之，色彩的调和是一个十分复杂的问题。

（2）色彩调和概念

"调和"一词有两种含义：一种是指对有差别的、有对比的，甚至相反的事物，为了使之成为和谐的整体而进行调整、搭配和组合的过程；另一种是指不同的事物合在一起之后所呈现的统一、和谐、有秩序、有条理、有组织、有效率和多样统一的状态（或称多样统一）。

色彩调和这个概念和一般事物的调和概念一样，也有两种解释，一种是指有差别的、对比着的色彩，为了构成和谐而统一的整体所进行的调整与组合的过程；另一种是指有明显差别的色彩，或不同的对比色组合在一起能给人以不带尖锐刺激的和谐与美感的色彩关系，这个关系就是色彩的色相、明度、纯度之间的组合"节律"关系。

（3）色彩调和方法

①伊登的色彩调和理论。

a. 二色调和：凡是通过色立体中心的两个相对的颜色（互补色）都可以组成调和的色组。

b. 三色调和：凡是在色相环中构成等边三角形或等腰三角形的三个色都是调和的色相。也可将这些等边或等腰三角形或任意不等边三角形使其三点在图中自由转动，可找到无限个调和色组。

c. 四色调和：凡是在色相环中构成正方形或长方形的四个色是调和的色组，如果采用梯形或不规则四边形，也可获得无数个调和色组。

d. 五色以上的调和：凡在色相环中构成五边形、六边形、八边形等的五、六、八个色是调和色组。

伊登认为，"理想的色彩和谐就是要用选择正确的对偶方法来显示其最强效果"。

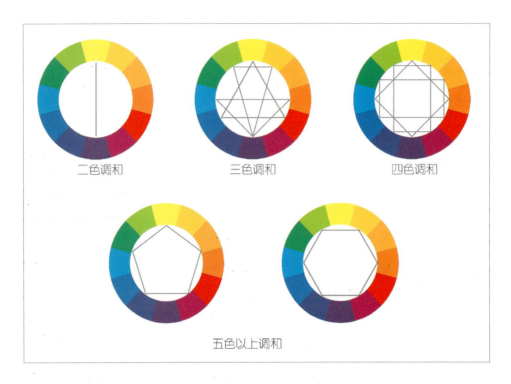

图6-47

②无色彩调和。

无彩色系与有彩色系调和最易，不需考虑色相，因为任何有彩色与无彩色都能调和。

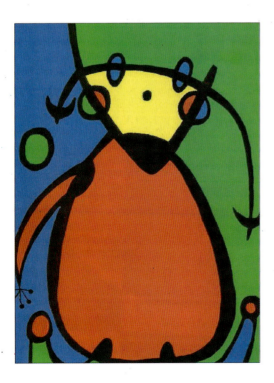

图6-48

图6-49

③同色相调和。

同色相调和也很容易，使用同一种色相，进行明度、纯度上的调整，要注意明度的对比和纯度的对比关系。

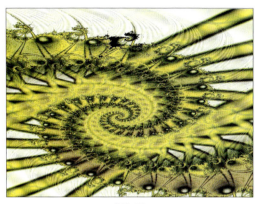

图6-50

图6-51

④邻近色调和。

邻近色的色相差别小，变化微妙。使用邻近色调和时，需要注意整体的主次关系，要借助明度、纯度的对比来产生变化，避免单调。

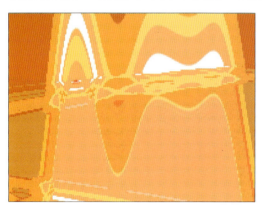

图6-52

图6-53

⑤类似色调和。

类似色调和，它们本身在色相上就有一定的弱对比关系，也就是说具有一定的调和因素，因此比较容易处理。使用类似色调合时，要注意纯度和明度的变化。

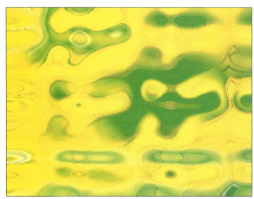

图6-54

图6-55

高等职业教育艺术设计类专业实践教材

⑥中差色调和。

中差色在色相中是属中等对比关系，在色相处理上如需柔和些，可在两者之间加一过渡色。

图6-56

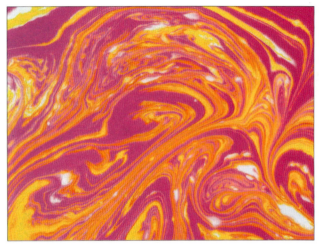

图6-57

⑦对比色和互补色。

对比色和互补色在色相上属强对比，可使用相同的调和方法。调和的方法有：

a. 利用面积调和法，即大面积冷对小面积暖。

b. 用聚散调和法，即冷聚热散。

c. 利用中性色作间隔法，如黑、白、灰。

d. 利用间色序列推移法。

e. 降低双方或一方纯度。

f. 提高一方明度。

图6-58

图6-59

6.4 色彩调和应用案例欣赏

图6-60

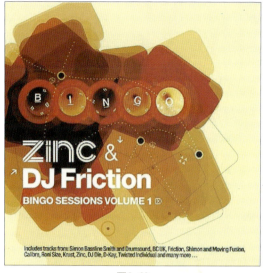

图6-62

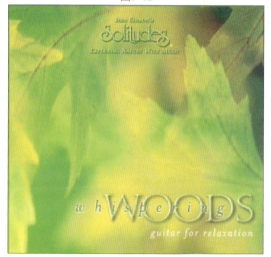

图6-63

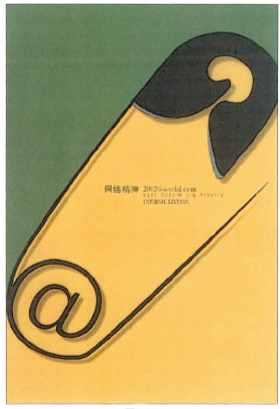

图6-61

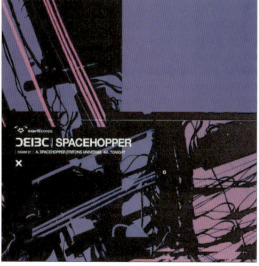

图6-64

高等职业教育艺术设计类专业实践教材

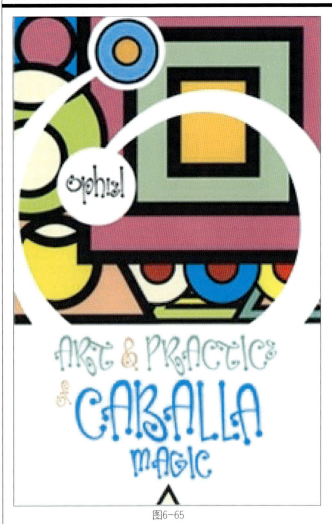

图6-65

图6-66

图6-67

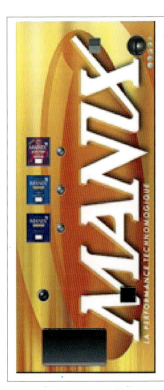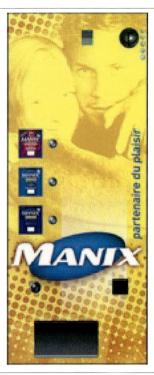

图6-68

7 Photoshop实现色彩色相色调

7.1 色彩色相色调实例制作

本章介绍利用Photoshop的滤镜和图层模式，制作咖啡色调的照片效果。

图7-01 原始图片

图7-02 完成效果图

①打开图片，首先对图片进行调整。按Ctrl+C键打开"色阶"调板，调整图片的色阶，使亮部与暗部更加清晰。

图7-03

②按Ctrl+A键，选中整幅图片，按Ctrl+C键拷贝，按Ctrl+V键进行粘贴，操作3次。

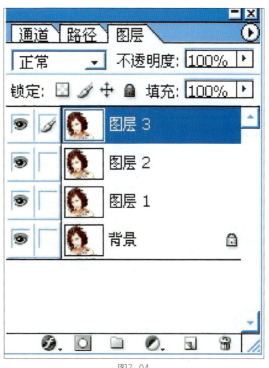
图7-04

063

③选中"图层1"，执行"滤镜→杂色→蒙尘与划痕"，再执行"滤镜→像素化→碎片"，调整"图层不透明度"为40%～50%。

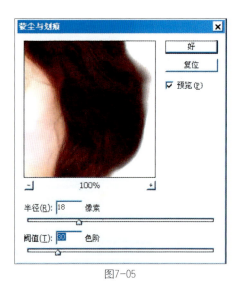

图7-05

图7-06

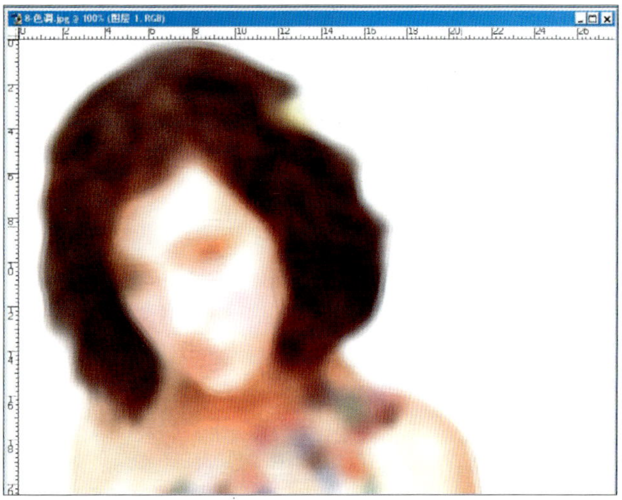

图7-07

图7-08

④选中"图层2"，执行"滤镜→模糊→动感模糊"，将"图层混合模式"改为"柔光"。

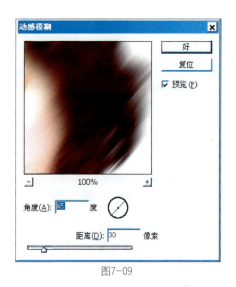

图7-09

图7-10

　　图层的不透明度决定它遮蔽或显示其下方图层的
程度。

　　在图层调板不透明度项输入数值，或拖动弹出滑
块，调整图层的不透明度。

　　⑤选中"图层3"，将"图层混合模式"改为
"颜色加深"。调整"图层不透明度"为40%～50%。

图7-11

　　⑥新建"图层4"，执行"盖印"（按
Ctrl+Shift+Alt+E键）。

图7-12

　　⑦单击图层面板下方的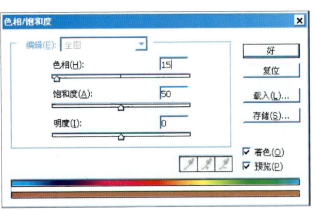按钮"创建新的填充
或调整图层"，在弹出的菜单中选择"色相/饱和
度"。打开"色相/饱和度"调板，勾选"着色"选
项，调节"色相/饱和度"（Ctrl+U），调出棕色。

图7-13

图7-14

高等职业教育艺术设计类专业实践教材

⑧然后，使用"曲线"（按Ctrl+M键）对整体进行调整。

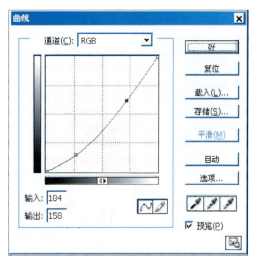

图7-15

图7-16

⑨最后，为照片加上背景。选择一张背景图片，按Ctrl+A键将画面全部选中，按Ctrl+C键拷贝选择区域，回到正在制作的文件，进行粘贴，将产生的带有背景图片的新图层放置到"图层4"下，执行变换命令Ctrl+T，调节背景图片的大小。

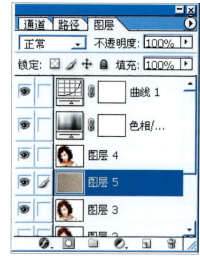

⑩去掉"图层4"中的白色背景。这里介绍一个简单的抠图方法。在"选择"菜单中，打开"色彩范围"调板，调节"颜色容差值"，将鼠标移到文件中白色背景位置，单击鼠标选取颜色，单击"好"，确定颜色选择范围。

使用"选框工具"按住键盘上的Alt键，拖动鼠标，将人物内部的选区减掉。

图7-17

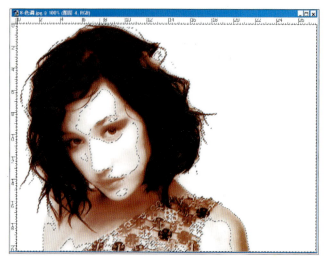

图7-18

图7-19

⑪执行"羽化"按Alt+Ctrl+D键命令，在打开的"羽化选区"调板中，设定"羽化半径"数值，点击"好"。

最后，按键盘上的Delet键，删除选框内的背景。

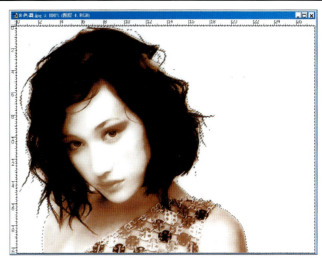

图7-21

图7-20

⑫再为背景添加一些效果。选择背景图片所在图层，打开"滤镜→渲染→光照效果"，在打开的"光照效果"调板中调节灯光的位置及光照的范围。

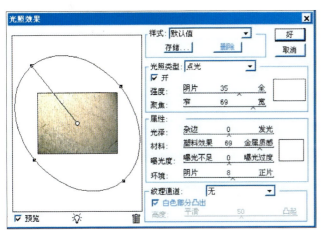

图7-22

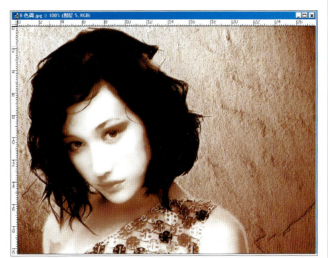

图7-23

⑬至此，这张咖啡色调的怀旧照片就制作完成了。利用这个方法，我们还可以制作其他色相的色调效果。

067

7.2 工具小贴士

羽化

通过建立选区和选区周围像素之间的转换边界来模糊边缘。羽化后得到的模糊边缘将丢失选区边缘的一些细节。

可以在使用工具时，在选项栏中事先为选框工具、套索工具等定义羽化，也可以向现有的选区中添加羽化。在移动、剪切、拷贝或填充选区时，使选区的边缘产生模糊效果。

（1）滤镜→杂色→蒙尘与划痕

"杂色"滤镜添加或移去带有随机分布色阶的像素，这有助于将选区混合到周围的像素中。"杂色"滤镜可创建与众不同的纹理或移去有问题的区域。

通过更改相异的像素减少杂色。为了在锐化图像和隐藏瑕疵之间取得平衡，调整"半径"与"阈值"设置的各种组合。"阈值"滑块在0位置时，阀值是关闭状态，这样可以检查选区或图像中的所有像素（0～128的值是图像的常用范围）。"阈值"的数值显示，将一定范围内像素进行消除。

"半径"滑块，可在文本框中输入1～99的数值。"半径"用来确定在图像中的多大范围内搜索不同像素。增加半径将使图像模糊。

图7-24

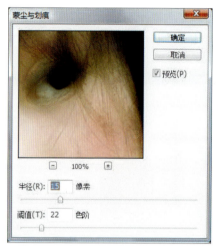
图7-25

（2）滤镜→模糊→动感模糊

"模糊"滤镜柔化选区或整个图像，对于修饰图像很有用。它们通过平衡图像中已定义的线条和遮蔽区域的清晰边缘旁边的像素，使变化显得柔和。

动感模糊：沿指定方向（-360～+360）用指定强度（1～999）对图像进行模糊处理。此滤镜的效果类似于以固定的曝光时间给一个移动的对象拍照。

（3）滤镜→像素化→碎片

"像素化"菜单中的滤镜，通过使单元格中的颜色值相近的像素结成块，来定义一个选区。

碎片：为选区中的像素创建4个副本，将它们平均，并使其相互偏移。

图7-26

图7-27

（4）滤镜→渲染→光照

"光照滤镜"提供了17种光照样式、3种光照类型、4种光照属性，在RGB图像上产生多种光照效果（光照滤镜只对RGB图像有效）。本章中，我们使用了光照类型中的"点光"。

点光：投射一束椭圆形的光柱。通过预览窗口定义光照的方向、角度、范围（见图7-29）。

拖动中央的圆圈，移动光照。要增大光照角度，移动手柄缩短线段；要减小光照角度，移动手柄延长线段。旋转光照，移动椭圆上任意手柄即可。（见图7-29）

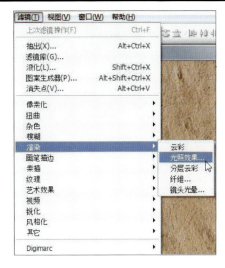

图7-28

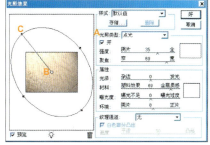

图7-29

（5）图层混合模式

①柔光模式（Soft Light）。

使颜色变暗或变亮，具体取决于混合色。此效果与发散的聚光灯照在图像上相似。

如果混合色（光源）比50%灰色亮，则图像变亮。如果混合色（光源）比50%灰色暗，则图像变暗，就像被加深了一样。纯黑色或纯白色的混合，会产生明显较暗或较亮的区域，但不会产生纯黑色或纯白色。

图7-30

图7-31

两幅相同图片叠加，改变上层图层的混合模式为"柔光"之后的效果。

②颜色加深。

查看每个通道中的颜色信息，并通过增加对比度使基色变暗来反映涂层的混合。与白色混合后不产生变化。

图7-32

两幅相同图片叠加，改变上层图层的混合模式为"颜色加深"之后的效果。

（6）盖印多个图层

盖印可以将多个图层的内容合并为一个目标图层，同时使其他图层保持完好。通常，选定图层将向下合并它下面的图层。

当执行盖印多个选择图层或链接图层时，Photoshop将创建一个包含合并内容的新图层。

7.3 色彩知识

（1）色调

调子原是音乐艺术中的一个术语，用来表现一首音乐作品的音高，是支配乐曲的音调标准，如D大调、C大调等。

绘画借用这个名词，是因为它很方便，可以准确地表示一幅作品的画面综合观感效果（构图、形象、色彩、明暗等诸多因素形成的综合效果），如冷调、蓝灰调、金黄色调等。

色调是客观存在的。自然界中光源、气候、季节以及环境的变迁，本来就存在着各种各样的色调。不同颜色的物体上必然笼罩着一定明度、色相的光源色，使各个固有色不同的物体表面都笼罩着统一的色彩倾向，这种统一的色彩就是自然中的色调。

色调不是指颜色的性质，而是指对一幅作品的整体颜色印象。作品中虽然用了多种颜色，但总会有一种总体倾向，是偏蓝或偏红，是偏亮或偏暗等等。这种颜色上的倾向就是色调。一幅作品中，色调作为一种独特的色彩形式，在表现色彩画主题的情调、意境和传达情感上是不可或缺的。它能直观地使欣赏者受到感染而产生美的联想，使欣赏者的情感和注意力被作品中的色调所影响。

（2）色相色调

以某种色相作为作品的主体颜色，这种颜色在整个画面中占有相当大的面积，形成统治地位，便可以用该色彩的色相名称来命名这一作品的调子。

图7-33　　　　　　　　　　　　　　　　　　　　　　　　　　　图7-34

黄色调（左图）：梵高的《向日葵》，整幅作品中黄色占据了绝对的主导地位。

红色调（右图）：萨金特的《在家中的波兹医生》，红色调浓郁。

图7-35 蓝色调

图7-36 橘黄色调

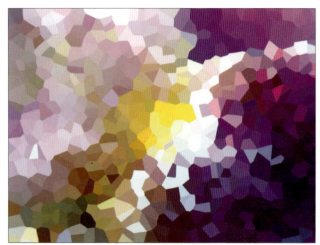

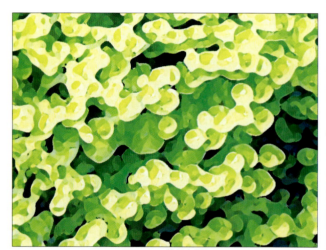

图7-37 紫色调

图7-38 黄绿色调

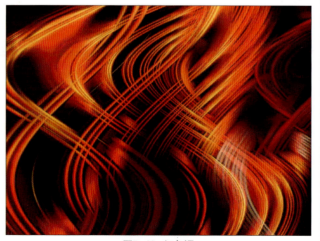

图7-39 深棕色调

图7-40 红色调

7.4 色彩色相色调应用案例欣赏

图7-41

图7-42

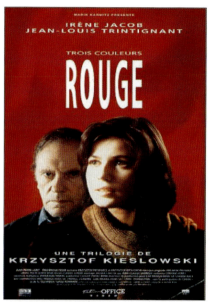

图7-43

图7-44

图7-45

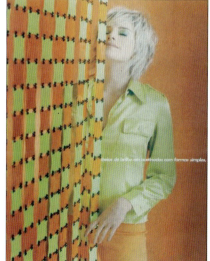

图7-46

图7-47

高等职业教育艺术设计类专业实践教材

图7-48

图7-49

图7-50

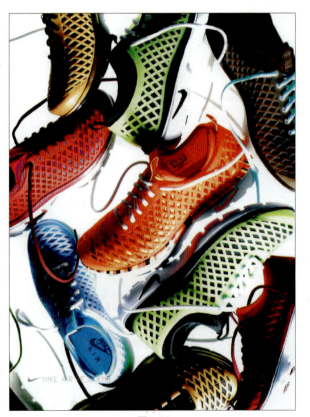

图7-51

8 Photoshop 实现色彩明度色调

8.1 明度色调实例制作

本章介绍利用Photoshop的复制图像、模式的改变、滤镜的运用、载入选区、反相、填充模式来调整明度色调。

开始制作之前，我们先来看一下制作之前的原始图片和完成之后的效果图。

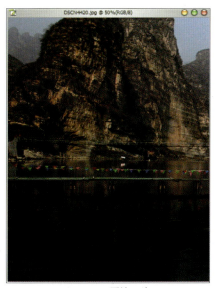

图8-01　原始图片

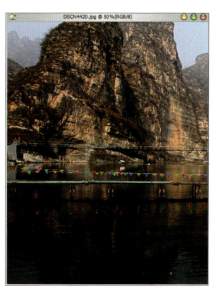

图8-02　完成效果图

①打开一张发暗的照片，其地面景物明显曝光不足，所以要调整明度色调。点击"图像"下拉菜单，选择"复制"，弹出"复制图像"对话框，按确认建立1副本。

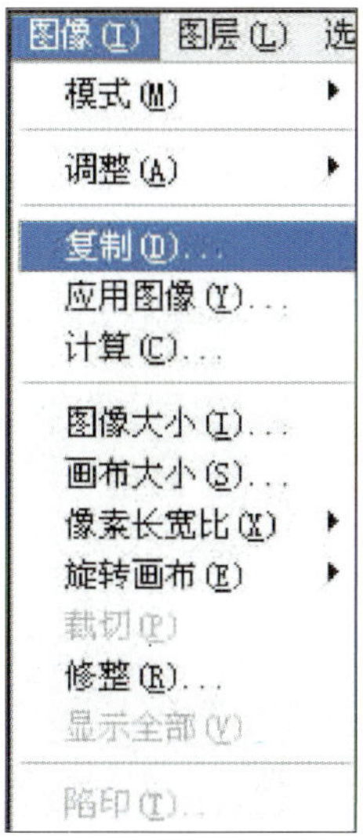

图8-03

图8-04

②在副本被选择的状态下，点击"图像→模式→灰度"。

图8-05

③将副本图像转化成灰度模式后，点击"滤镜"下拉菜单，选中"高斯模糊"。

图8-06

④在弹出的对话框中半径值一般选择5～7，可根据具体要求再进行调整。这一步是为下面的分界做准备。

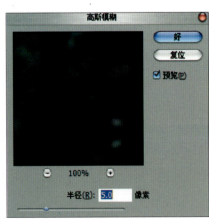

图8-07

图8-08

⑤将副本暂时放一边，点击第一步打开的照片，点击"选择→载入选区"，弹出对话框，选择"反相"。按"确认"后，我们看到要处理的照片暗部被选择了出来。

⑥接下来，我们要对选择出的暗部进行处理。点击"编辑→填充"，按照图示对话框进行选项调整。

⑦对话框调整完毕后点击"好"，我们看到照片黑色部分开始显示出层次。这一步骤可多次选择，直到满意为止。按Ctrl＋D键取消分界线。

图8-09

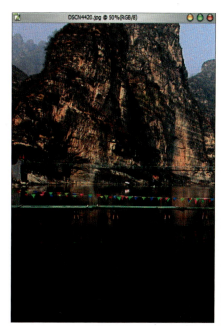

图8-12

图8-10

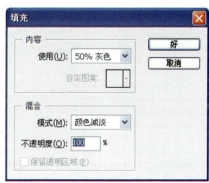

图8-13

图8-11

图8-14

⑧对比一下前后画面，效果很明显！这种方法不仅不用进行多项调整，而且只是提高暗部亮度，对亮部层次没有损失。

8.2 工具小贴士

（1）滤镜→模糊→高斯模糊

高斯模糊的原理，是根据高斯曲线调节像素色值，有选择地模糊图像。说得直白一点，就是高斯模糊能够把某一高斯曲线周围的像素色值统计起来，采用数学上加权平均的计算方法得到这条曲线的色值，主要是对范围、半径等进行模糊，最后能够留下人物的轮廓，即曲线。

①打开一张图，新建一个图层，以图层1为副本，调整"图层1副本"，点击"滤镜→模糊→ 高斯模糊"，设置高斯模糊的值为5～7。设置完成后，把图层1的不透明度调为50%～80% 。

图8-15

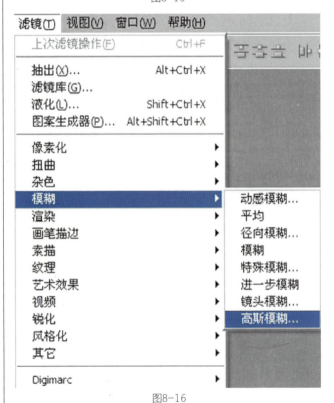

图8-16

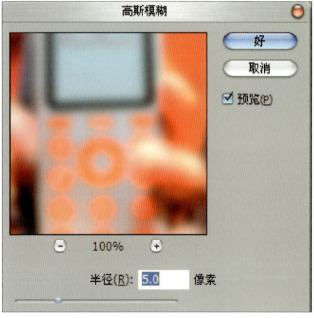

图8-17

②比较前后效果。熟练掌握后可运用于以后的设计中。

图8-18

（2）选区的存储及载入

在练习中有时候需要把已经创建好的选区存储起来，方便以后再次使用，这就要使用选区存储功能。

创建选区后，直接点击右键（限于选取工具）菜单中出现"存储选区"，会出现一个名称设置对话框，输入选区的名称。如果不命名，Photoshop 会自动以Alpha1、Alpha2、Alpha3这样的文字来命名。

当需要载入已存储的选区时，选择"载入选区"，也可以在图像中点击右键选择该项，前提是目前没有选区存在，且选用的是选取类工具〖M〗〖L〗〖W〗或裁切工具〖C〗。

如果存储了多个选区，就在通道下拉菜单中选择一个。因此之前存储时应用贴切的名称来命名选区，可以方便查找，尤其在存储了多个选区的情况下。

如果图像中已经有一个选区存在，载入选区的时候就可以选择载入的操作方式。所谓操作就是前面接触过的选区运算，即添加、减去、交叉，如图8-20。如果没有选区存在，则只有"新选区"方式有效。

图8-19

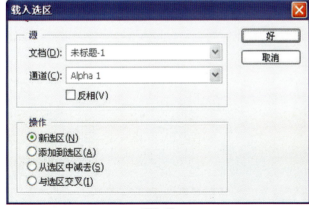

图8-20

①新建一个400×225的白底图像，在图8-21大概的位置创建一个矩形选区并且存储，命名为s1。然后取消选区，打开通道调板，会看到一个名称为s1的新通道。

注意通道调板的缩览图如果设为"无"的话，就看不到缩览图了。改变缩览图大小可以点击通道调板右上角的按钮，然后通过"调板选项"调整。在通道调板下方的空白处单击右键也会出现缩览图大小设置。

图8-21

图8-22

②点击s1通道，进入通道单独显示模式，如图 8-23。这个s1通道图像中，黑色背景上有一个白色的方块。留意一下就会发觉，这个白色方块的位置和大小与前面所创建并且存储的选区是相同的。这就是 Photoshop利用通道存放选区的奥秘了：把选区转换为对应的黑白（还包含灰度）图像，然后存储为一个通道。

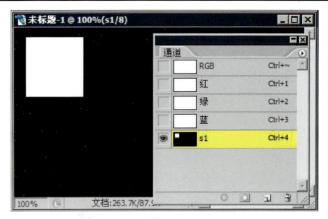

图8-23

仔细地看一下通道的黑白（灰度）图像，我们知道它是利用黑白相间的效果来区别选择与非选择。

由此可知通道中白色的方块对应之前我们创建的选区部分，而黑色的部分则对应未被选取的部分。当我们存储选区时，Photoshop就将选区中的部分转换为白色，其余部分转换为黑色后放入通道中。这样的通道统称为Alpha通道。

我们可以试着把s1通道删除，方法是在通道调板中将s1拖放到垃圾桶图标上。或者在选择了s1通道的前提下单击垃圾桶图标（将出现确认框）。删除之后选择"载入选区"将不能使用，说明目前没有选区被存储。这也反映出了选区是存放于通道中的，删除通道就会丢失相应存储的选区。如果删除了s1通道，要撤销删除操作，以便于继续下面的内容。

③选择"铅笔工具"，选择一个10像素宽的笔刷，用纯白色随意涂抹一下。这样就改变了刚才由选区建立的s1通道。然后回到RGB方式，载入s1选区，会看到选区也发生了改变。其实不回到RGB方式也可以载入选区，但通道的黑白图像可能会妨碍我们对选区的观察，因此回到RGB方式去观看效果。

图8-24

④除了通过存储选区产生Alpha通道以外，我们还可以直接建立一个Alpha通道。在通道调板中点击下方的新建按钮，这样就新建了一个通道，并且自动切换到新通道的单独显示方式。通道名以Alpha加序号来命名。如果要修改名字，双击通道名字即可。

现在点击铅笔工具，用纯白色随意画一个形状。注意如果有选区存在的话要先取消，否则铅笔的绘图范围会受到限制。画完之后在通道调板中的缩览图中可以看到效果。

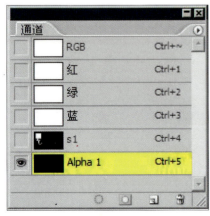

图8-25

图8-26

图8-27

⑤完成后回到RGB方式，使用载入选区的命令，就会看到通道列表中出现了新建的通道名字，可以看到选区的形状和前面通道中用铅笔绘制的形状是相同的。

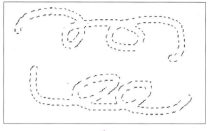

图8-28

图8-29

⑥除了通过菜单以及鼠标右键载入选区外，还可以使用通道调板下方的"转换为选区"按钮（下图红色箭头处），前提是要先点击这个通道，点击后通道会单独显示。如图8-30就是在s1通道单独显示的时候，按下"转换为选区"的按钮，即得到了选区。这种方法有个弊病就是要切换到通道的黑白图像上，并且创建选取后还需要回到正常的显示方式。

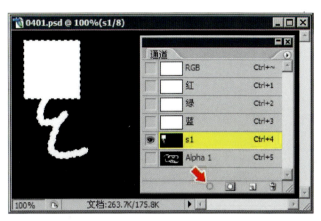

图8-30

⑦还有一种更简便的方式，不需要单独显示通道，可以在正常方式下直接将通道作为选区。如图8-31，按住Ctrl键后在通道调板中点击s1，即可单击通道直接作为选区载入了。这种载入方式可以在任何情况下使用，即使当前通道调板中选择的是其他通道，也可以直接载入s1选区。因此在实际制作中建议使用此方法来载入选区。

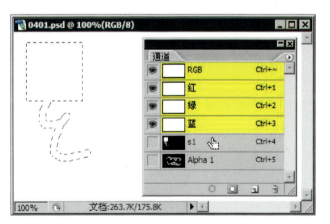

图8-31

⑧现在要把s1的选区和Alpha1通道的选区相加。在已有一个选区的情况下载入选区，就会出现选区运算的操作选项。因此可以先载入s1选区，然后再选择"载入选区"，在操作选项中选择"添加到选区"即可。如图8-33红色箭头处。完成后的选区效果如图8-32。

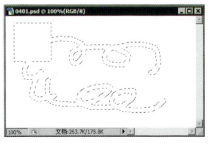

图8-32

图8-33

高等职业教育艺术设计类专业实践教材

8.3 色彩知识

明度色调对比

　　明度对比强时有：高长调、中间长调、低长调，给人的感觉是光感强，体感强，形象的清晰程度高，锐利，明白。明度对比弱时有高短调、中间短调、低短调，给人的感觉是光感弱，体感弱，不明朗，模糊，含混，平面感强，形象不易看清楚。明度对比太强时如最长调有生硬、空洞、简单化的感觉。

图8-34　色彩明度色调——低长调

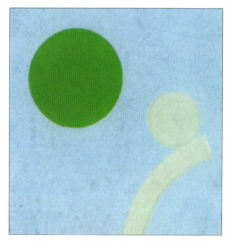

图8-35　色彩明度色调——中间长调

图8-36　色彩明度色调——高长调

不同明度基调形成不同视觉效果和情感力量。一般规律是：

高调：活泼，柔软，明亮，高贵，辉煌，轻飘。

中调：柔和，含蓄，质朴，稳重，明确。

低调：朴素，丰富，沉重，迟钝，寂寞，压抑，阴暗。

强对比：光感强，形象清晰，易见度高，空间层次明确丰富，锐利刺目。

较强对比：光感适中，视觉舒适，形象明确略显含蓄，动中有静，既富有变化又和谐统一。

弱对比：光感弱，形象模糊不清晰，易见度低，含蓄隐晦。

旅游鞋、运动鞋的色彩构成中，多用强对比，为的是醒目，并有强烈的冲刺、飞跃的动感。而时装鞋、凉鞋采用较强对比，只求动中有静，暖中含冷，既变化又和谐。

图8-37 低长调

图8-38 低短调

图8-39 低中调

图8-40 高长调

8.4 色彩明度色调应用案例欣赏

图8-41 高短调

图8-42 中间长调

图8-43 中间中调

图8-44 中间短调

图8-45 最长调

图8-46

高等职业教育艺术设计类专业实践教材

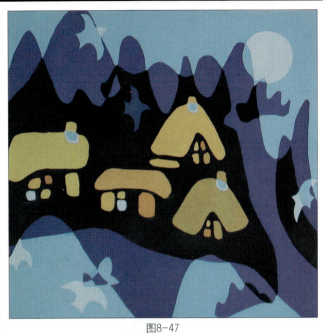

图8-47

图8-48

图8-49

图8-50

图8-51

图8-52

高等职业教育艺术设计类专业实践教材

图8-53

图8-54

图8-55

图8-56

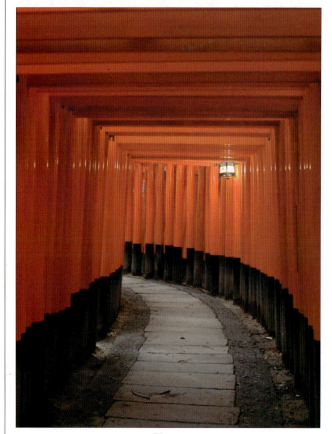

图8-57

图8-58

9　Photoshop 实现色彩纯度色调

9.1 低纯度色调实例制作

本章介绍利用Photoshop的滤镜、图层混合模式、填充调整图层，将照片调整为低纯度色调效果。

图9-01 原始图片

图9-02 完成效果图

①打开图片。

首先对图片进行调整。使用"减淡"工具减淡皮肤和头发，使之亮一些，注意要保持原有阴影和亮度。

图9-03

高等职业教育艺术设计类专业实践教材

②按Ctrl+A键，选中整幅图片，按Ctrl+C键拷贝，按Ctrl+V键粘贴，创建"图层1"。

图9-04

③选中"图层1"，执行"滤镜→模糊→高斯模糊"，模糊半径设置稍小些。

图9-05

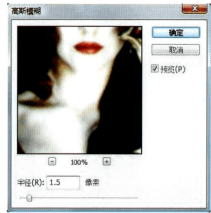

图9-06

按Shift+Ctrl+U键对"图层1"进行去色，改变图层模式为"变亮"。

图9-07

图9-08

④选中"图层1"，按Ctrl+A
键，选中整幅图片，按Ctrl+C键拷
贝，按Ctrl+V键粘贴，，创建"图
层2"。

选中"图层2"，执行"滤镜
→模糊→高斯模糊"，模糊半径设
置稍高些。

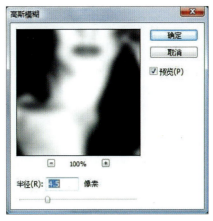

图9-09

⑤然后，将"图层混合模式"
设置为"正片叠底"。

图9-10

图9-11

⑥按Shift+Ctrl+E键拼合所有
的可视图层，使用减淡工具再次对
皮肤、衣服、头发部分进行细节的
调整。

⑦单击"图层"面板下方的
"添加新的填充或调整图层"按
钮，在弹出菜单中选择"曲线调整
层"，添加一个曲线调整层，调整
图像。

图9-12

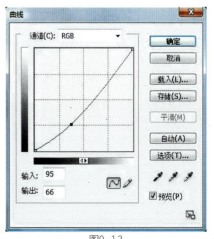

图9-13

高等职业教育艺术设计类专业实践教材

图9-14

图9-15

⑧再添加一个"色阶"调整层。

此时，一幅低纯度色调的照片就制作完成了。雪白的肌肤，幽深的背景，感受一种浓浓的、神秘的、忧郁的风格。

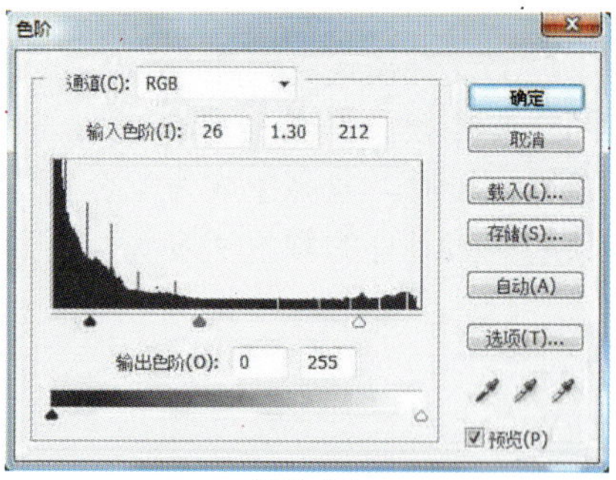

图9-16

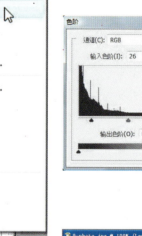

图9-17

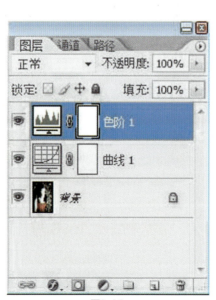

图9-18

图9-19

9.2 工具小贴士

（1）减淡工具

减淡工具 ，用于使图像区域变亮。

在选项栏中点击"画笔"项，选取画笔笔尖并设置画笔选项。

在选项栏中点击"范围"项，选取"中间调"更改中间范围；阴影：更改暗区；高光：更改亮区。

图9-20

（2）图层混合模式

图层模式确定了其像素如何与图像中的下层像素进行混合。使用混合模式可以创建各种特殊效果。以下介绍两种混合模式。

①变亮模式（Lighten）。

变亮模式是将两像素的RGB值进行比较后，取高值成为混合后的颜色，因而总的颜色灰度级升高，造成较亮的效果。用黑色合成图像时无作用，用白色合成图像时则仍为白色。变亮模式比较相互混合的像素亮度，选择混合颜色中较亮的像素保留起来，而其他较暗的像素则被替代。

图9-21 背景图片下层

图9-22 黑白图片上层

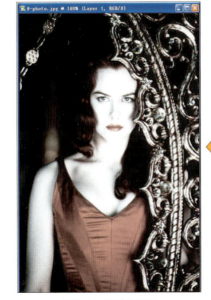

图9-24 完成效果图

图9-23 选择变亮模式

②正片叠底模式（Multiply）。

考察每个通道里的颜色信息，并对底层颜色进行正片叠加处理。其原理和色彩模式中的"减色原理"是一样的。这样混合产生的颜色总是比原来的要暗。如果和黑色发生正片叠底的话，产生的就只有黑色，而与白色混合就不会对原来的颜色产生任何影响。将上下两图层的像素颜色的灰度级进行乘法计算，获得灰度级更低的颜色而成为合成后的颜色，图层合成后的效果简单地说是低灰阶的像素显现而高灰阶的像素不显现（即深色出现，浅色不出现），产生类似正片叠加的效果。

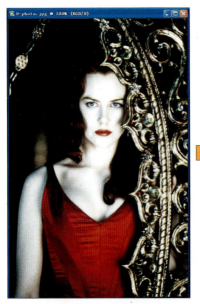
图9-25 背景图片下层

图9-26 黑白图片上层

图9-28 完成效果图

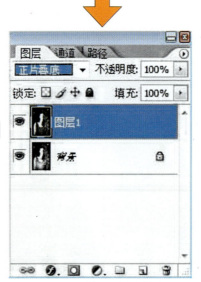
图9-27 选择正片叠底模式

9.3 色彩知识

（1）纯度色调

色彩的纯度是指色彩的鲜艳程度。我们的视觉能辨认出的有色相感的色，都具有一定程度的鲜艳度。一般来说，纯色明确、艳丽，容易引起视觉兴奋，色彩的心理效应明显；含灰色等中纯度基调丰满、柔和、沉静，能使视觉持久注视，容易使人产生联想。

（2）高纯度色调与低纯度色调

纯度色调可分为高纯度色调、低纯度色调（含有不同程度的灰色调）。

将纯度高的各个颜色组合在一起，形成的色调是高纯度色调。低纯度色调主要指的是含灰色调，也就是画面中的颜色都含有无色彩的灰色。

高纯度色调画面对比过强时，会出现生硬、杂乱、刺激、炫目等感觉。低纯度色调画面对比不足时，会造成粉、脏、灰、黑、闷、火、单调、软弱、含混等毛病。过多地用低纯度灰色会显得软弱无力。

高明度的低纯度色调，有轻柔、温馨的感觉；而低明度的低纯度色调，给人厚重有力的感觉。

图9-29 高纯度色调

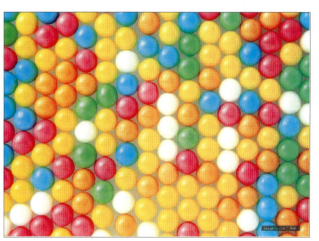
图9-30 高纯度色调

图9-31 中纯度色调（强对比）

图9-32 中纯度色调（弱对比）

高等职业教育艺术设计类专业实践教材

图9-33　低纯度色调（低明度、弱对比）

图9-34　低纯度色调（低明度、强对比）

图9-35　中纯度色调（高明度、强对比）

图9-36　中纯度色调（高明度、弱对比）

图9-37　低纯度与高纯度对比

高等职业教育艺术设计类专业实践教材

9.4 色彩纯度色调应用案例欣赏

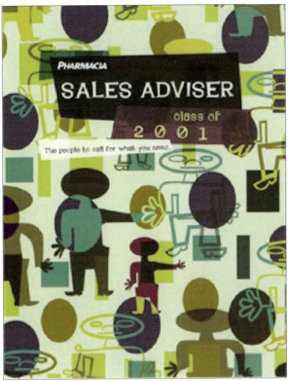

图9-38

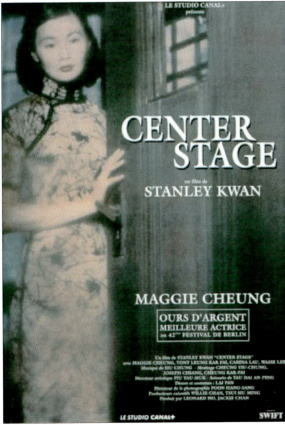

图9-39

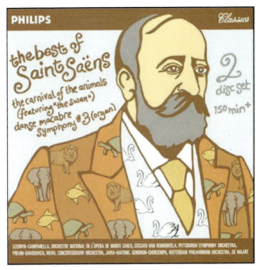

图9-40

图9-41

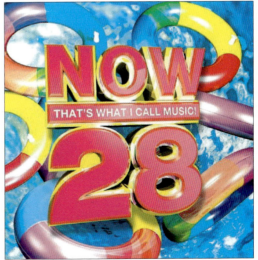

图9-42

高等职业教育艺术设计类专业实践教材

图9-43

图9-44

图9-45

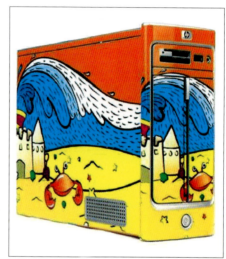

图9-46

图9-47

图9-48

10 Photoshop实现色彩冷暖色调

10.1 色彩冷暖色调实例制作

本章介绍利用Photoshop的通道、图像调整、照片滤镜等功能，将中性色调的图片调整为冷色调效果。

开始制作之前，我们先来看一下制作之前的原始图片和完成之后的效果图。

图10-01 原始图片

图10-02 完成效果图

①打开图片。

按Ctrl+A键，选中整幅图片，按Ctrl+C键拷贝，按Ctrl+V键进行粘贴，产生"图层1"，锁定"背景"图层（备用）。

图10-03

高等职业教育艺术设计类专业实践教材

　　②选中"图层1"，进入"通道" 面板，选中"绿色通道"， 按
Ctrl+A键，选中整幅图片，按Ctrl+C键拷贝；选中"蓝色通道"，按
Ctrl+V键进行粘贴。

　　返回"RGB"通道，可以看到复制后的效果。

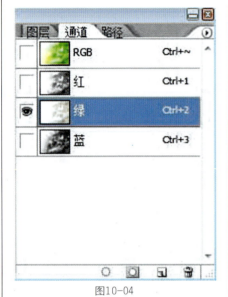

图10-04

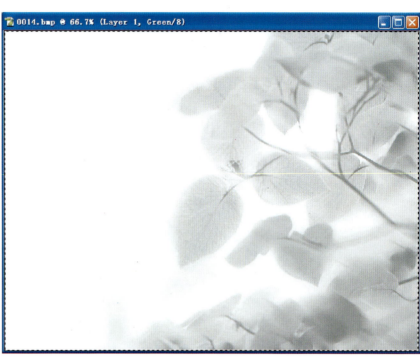

图10-05

图10-06

图10-07

③返回"图层"面板，执行"图像→调整→可选颜色"。

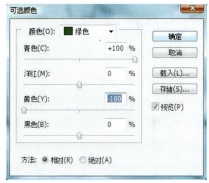

图10-08   图10-09   图10-10

④在"图层"面板的最下方，选择"创建新的填充或调整层"图标，在菜单中选择"照片滤镜"。

图10-11

在"照片滤镜"调板中，将"滤镜"改为"冷却滤镜（82）"，"浓度"的数值稍降低。

也可根据自己的需要改变过滤的颜色。点击颜色项后的色彩示例，打开颜色调板，选择颜色。

图10-12

图10-13

高等职业教育艺术设计类专业实践教材

⑤最后，调整一下对比度、饱和度，再稍微修饰一下，冷色调的背景就制作完成了。

整幅图片完全笼罩在青色的冷色调之中，给人一种置身于清冷、霜降黎明的野外，一丝丝寒意围绕在四周的感受。

我们也可使用同样的方法，制作出暖色调的图片效果。

先将制作完成的冷色调另存，然后将当前文件恢复到打开状态。

图10-14

⑥同样的，我们在图层面板中将图片进行复制。

选中"图层1"，进入"通道"面板，选中"红色通道"，将整幅图片拷贝、粘贴至"蓝色通道"中。

打开RGB通道，可以看到粘贴之后的颜色效果。

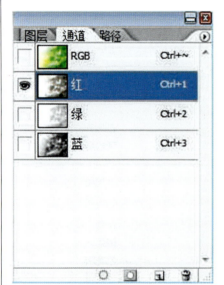

图10-15

图10-16

图10-17

⑦返回"图层"面板，在面板下方单击"新调整图层"图标，在菜单中选择"可选颜色"项（使用方法和产生的效果与"调整"菜单中的"可选颜色"命令相同）。

图10-18

图10-19

高等职业教育艺术设计类专业实践教材

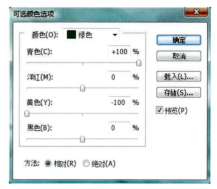

在"可选颜色项"面板中的
"颜色"项中选择"绿色",并调
整"青色"和"黄色"的数值。

图10-20

⑧在"图层"面板的最下
方,选择"创建新的填充或调整图
层"图标,在菜单中选择"照片滤
镜"。

图10-21

在"照片滤镜"调板中,将"滤镜"改为"加温滤镜(81)",
"浓度"的数值设为100%。

图10-22

图10-23

高等职业教育艺术设计类专业实践教材

也可根据自己的需要改变过滤的颜色。点击颜色项后的色彩示例，打开颜色调板，选择颜色。

图10-24

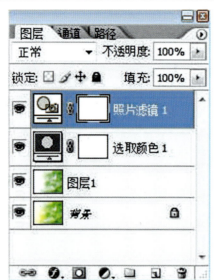

图10-25

最后，调整一下对比度、饱和度，再稍微修饰一下，暖色调的背景就制作完成了。

图10-26

图片中的暖色并非高纯度的红色，因此给人的感觉不是一种非常强烈的燥热体验，而是一种比较平和的融融暖意。

图10-27 冷色调

图10-28 中间色调

图10-29 暖色调

10.2 工具小贴士

可选颜色校正与照片滤镜

（1）可选颜色校正

可选颜色校正是高端扫描仪和分色程序使用的一种技术，用来在图像中的每个主要原色成分中更改印刷色的数量。可以有选择地修改主要颜色中的印刷色数量，而不会影响其他颜色。

选取要调整的颜色，拖动调板中的滑块，来增加或减少所选颜色的分量。

（2）照片滤镜

①照片滤镜用来模仿在相机镜头前加彩色滤镜，以便调整通过镜头传输的光的色彩平衡和色温使胶片曝光。"照片滤镜"命令还允许选择预设的颜色，以便图像应用色相调整。

选取"图层→新建调整图层→照片滤镜"或选取"图像→调整→照片滤镜"。

图10-30   图10-31

②从"照片滤镜"对话框中选取滤镜颜色（自定义滤镜或预设值）。从"滤镜"菜单中选取预设：

加温滤镜（81和LBA）和冷却滤镜（80和LBB）用于调整图像中的白平衡的颜色转换滤镜。

加温滤镜（81）和冷却滤镜（82）使用光平衡滤镜来对图像的颜色品质进行细微调整。

加温滤镜使图像变暖（变黄），冷却滤镜使图像变冷（变蓝）。

高等职业教育艺术设计类专业实践教材

制作冷色调时，我们使用了冷却滤镜（82），使照片的整体色调偏蓝。

图10-32

图10-33

制作暖色调时，我们使用了加温滤镜（81），使照片的整体色调偏黄。

图10-34

图10-35

③调整应用于图像的颜色数值，使用"浓度"滑块或输入数值。浓度越高，颜色调整幅度就越大。

图10-36　浓度值为20%时的图片色彩效果

图10-37

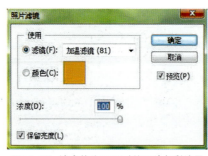

图10-38　浓度值为100%时的图片色彩效果

图10-39

10.3 色彩知识：冷暖色调

冷暖本来是人的皮肤对外界温度高低的感觉。

太阳、炉火、火炬、烧红的铁块等本身温度很高，它们反射出的红橙色光有导热的功能，使空气、水和物体温度升高，人的皮肤被它们射出的光照得亦会发热。

图10-40

图10-41

大海、蓝天、远山、雪地等环境，是反射蓝色光最多的地方，蓝光不导热，且有吸热的功能，所以这些地方总是冷的。

图10-42

图10-43

这些是人们生活经验和印象的积累，是人的视觉、触觉及心理活动之间一种特殊的类似条件反射的下意识的联想。视觉变成了触觉的先导，一看见红橙色光都会想到和感到应当是热的，心里也感到温暖和愉快；一看到蓝色，心里会产生冷的感觉，似乎皮肤也感到凉。

在设计色彩时，冷暖色调的选择要与人们的需求相一致。例如，喜庆的场合，需要热烈的气氛和愉快的心情，此时暖色调比冷色调更能符合人们的心理需求，并能起到调节情绪、渲染环境的效果。此外，冷暖色调之间存在一种相互的关系，例如，在夏天，人们习惯穿

白色或冷色调服装，因为有凉爽感。冬天，人们习惯穿黑色及暖色调
服装，因为有暖和感。其实，色彩的这种使用，并不能真的改变环境
温度，而是人们借助冷暖色调来调节心理，满足视觉和心理的需求。

　　从色彩心理来考虑，在色立体中把橘红色称为暖极，凡是接近暖极
的称为暖色，红、橙、黄等都被称为暖色；在色立体中把湖蓝色定为冷
极，凡是接近冷极的称为冷色，青、蓝划为冷色。而与两极距离相等的
颜色称为中性色。

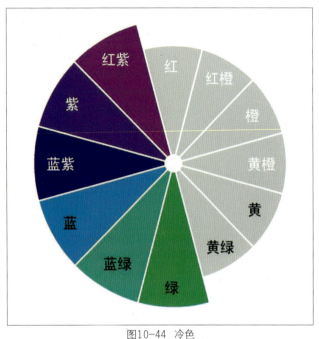

图10-44　冷色

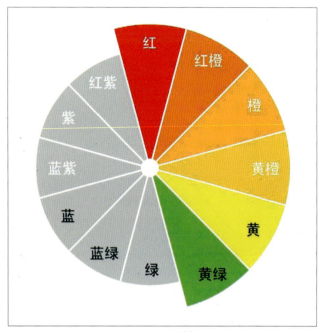

图10-45　暖色

　　在设计中，如果所使用的颜色都是暖色，那么这一设计的整体色调
非常明显就是暖色调；而相反的，如果所使用的颜色都是冷色，其整体
色调显然是冷色调。我们在设计中并非完全使用同一色调的颜色，所谓
的冷暖色调更多地是通过冷暖关系来认定的。可以通过绝对优势色调来
确认设计的整体色调倾向。

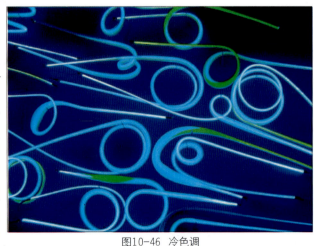

图10-46　冷色调

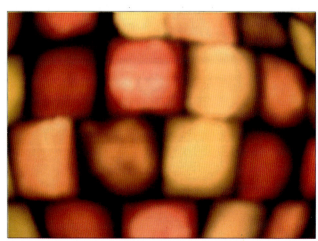

图10-47　暖色调

10.4 色彩冷暖色调应用案例欣赏

图10-48

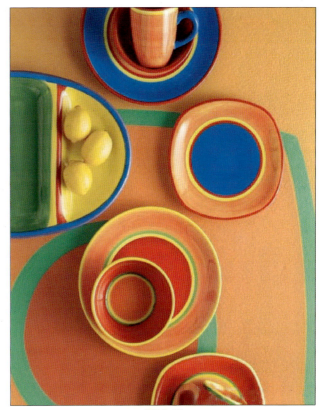

图10-50

图10-49

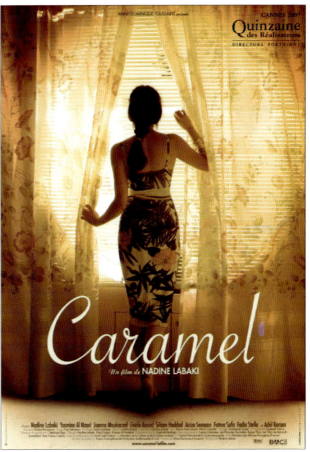

图10-51

高等职业教育艺术设计类专业实践教材

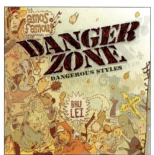

图10-52

图10-55

图10-53

图10-56

图10-54

图10-57

高等职业教育艺术设计类专业实践教材

第二单元
Photoshop
色彩理论与应用

高等职业教育艺术设计类专业实践教材

图11-01　　　　　　　　　　　图11-02

11 色彩心理

11.1 红色、橙色、黄色

（1）红色

①红色具象联想。

红是火的色彩，表示热情奔放；因为血也是红色的，红色又代表了革命。在我国喜庆的日子用红色，国旗用红色，因此红色象征着革命、喜庆、热情、幸福……同样它又象征着危险，因此红色被用于交通信号的停止色，消防车的车身色等，可见红色同时也给人以恐怖的象征。

②红色抽象联想。

可联想到热情、危险、活力、冲击力。

③红色心理分析。

a．纯色的心理特性：

热情、活泼、引人注目、热闹、艳丽、令人疲劳、幸福、吉祥、革命、公正、喜气洋洋，同时也给人以恐怖的感觉。

b．纯色加白的心理特性：

圆满、健康、温和、愉快、甜蜜、优美，同时也给人以幼稚、娇柔的感觉。

c．纯色加黑的心理特性：

给人以枯萎、固执、孤僻、憔悴、烦恼、不安、独断的感觉。

d．纯色加灰的心理特性：

给人以烦闷、哀伤、忧郁、阴森、寂寞的感觉。

图11-03　　　　　　　　　　　图11-04

图11-05

图11-06

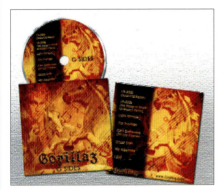
图11-07

图11-08

（2）橙色

①橙色具象联想。

橙色是橙子的色彩，成熟的橘子、柑、柚子、玉米、金瓜、南瓜、木瓜、菠萝、柿子、杏子等都是橙色，给人以香甜感，使人感觉充实、成熟、愉快和富有营养，能引起食欲。

②橙色抽象联想。

明亮、华丽、健康、向上、兴奋、温暖、愉快、芳香、辉煌，最易动人。

③橙色心理分析。

a．纯色的心理特性：

火焰、光明、温暖、华丽、甜蜜、喜欢、兴奋、冲动、力量充沛、引起人们的食欲，同时也给人以焦躁、嫉妒、疑惑、悲伤的感觉。

b．纯色加白的心理特性：

给人以细嫩、温馨、暖和、柔润、细心、轻巧、慈祥的感觉。

c．纯色加黑的心理特性：

沉着、安定、茶香、古香古色、深情、老朽、悲观、拘泥的感觉。

d．纯色加灰的心理特性：

给人以沙滩、故土、灰心的感觉。

图11-09

111

（3）黄色

①黄色具象联想。

早晚的阳光、灯光、火光都趋于黄色。秋收的五谷、水果、点心等都能给人以丰硕、甜酸、甘美等感觉，能引起食欲。

②黄色抽象联想。

黄色光的亮度高、光感强，可使人联想到光明、辉煌、灿烂、轻快、柔和、充满希望的感觉。

在封建社会，黄色被帝王、宗教所采用，故又有崇高、高贵、权力、威严、智慧、神秘、华贵、慈善等象征意义。

黄色有时产生酸涩、颓废、病态和反常的联想。

③黄色心理分析。

a．纯色的心理特性：

明朗、快活、自信、希望、高贵、贵重、进取向上、德高望重、警惕、富于心计、注意、猜疑。

b．纯色加白的心理特性：

给人以单薄、娇嫩、可爱、幼稚、不高尚、无诚意等感觉。

c．纯色加黑的心理特性：

给人以没希望、多变、贫穷、粗俗、秘密等心理感觉。

d．纯色加灰的心理特性：

给人以不健康、没精神、低贱、肮脏、陈旧的心理感觉。

图11-10

高等职业教育艺术设计类专业实践教材

图11-11

图11-14

图11-12

图11-15

图11-13

图11-16

图11-17

11.2 绿色、蓝色、紫色

（1）绿色

①绿色具象联想。

植物、草木、农业、林业、牧业、旅游业、蔬菜。

②绿色抽象联想。

黄绿、嫩绿、淡绿、草绿等象征着春天、生命、青春、幼稚、成长、活泼、活力，具有旺盛的生命力，是表现活力与希望的色彩。

艳绿、盛绿、浓绿，象征盛夏、成熟、健康、兴旺、发达、富有生命力。

灰绿、土绿、茶褐色意味着秋季、收获和衰老。

③绿色心理分析。

a．纯色的心理特性：

自然、新鲜、平静、安逸、安心、安慰、和平、有保障、安全感、可靠、信任、公平、理智、理想、纯朴、平凡、卑贱等。

b．纯色加白的心理特性：

给人以爽快、清淡、宁静、舒畅、轻浮的感觉。

c．纯色加黑的心理特性：

给人以安稳、自私、沉默、刻苦的感觉。

d．纯色加灰的心理特性：

给人以湿气、倒霉、腐朽、不放心的感觉。

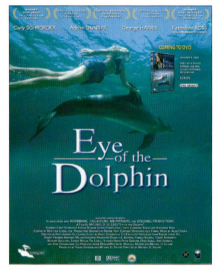

图11-18

图11-19

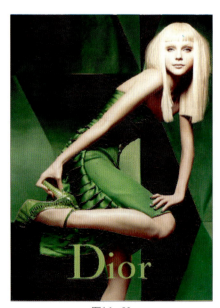

图11-20

图11-21

图11-22

图11-23

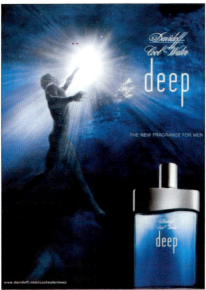

图11-24

（2）蓝色

①蓝色具象联想。

很容易联想到天空、海洋、湖泊、远山、冰雪、严寒、宇宙、深海。

②蓝色抽象联想。

崇高、深远、纯净、透明、无边无涯、冷漠、流动、轻快、洁静、缺少生命的感觉。

冷静、沉思、智慧和征服自然的力量。

死亡、悲痛、悲伤、感情被压抑的、忧伤的、沮丧的、下流的、淫秽的联想。

③蓝色心理分析。

a. 纯色的心理特性：

天空、水面、太空、寒冷、遥远、无限、永恒、透明、沉静、理智高深、冷酷、沉思、简朴、忧郁、无聊。

b. 纯色加白的心理特性：

给人以清淡、聪明、伶俐、高雅、轻柔的感觉。

c. 纯色加黑的心理特性：

给人以神秘、沉重、悲观、幽深、大风浪、孤僻的感觉。

d. 纯色加灰的心理特性：

给人以粗俗、可怜、笨拙、压力、贫困、沮丧的感觉。

图11-25

高等职业教育艺术设计类专业实践教材

（3）**紫色**

①紫色具象联想。

紫罗兰、葡萄、蓝莓、霞光、凝结的血液、伤痕。

无论自然界还是社会生活中，紫色都是较稀少的。在封建社会高官才穿紫袍，贵妇才穿紫服。紫色的花少，紫色的果实也少，因此紫色才显得特别与众不同。

②紫色抽象联想。

给人以帝位、华而不实、亵渎、高贵、优越、奢华、优雅、流动、不安等感觉。

③紫色心理分析。

a. 纯色的心理特性：

朝霞、紫云、紫气、舞厅、咖啡厅、优美、优雅、高贵、娇媚、温柔、昂贵、自傲、美梦、虚幻、魄力、虔诚。

b. 纯色加白的心理特性：

给人以女性化、清雅、含蓄、清秀、娇气、羞涩的感觉。

c. 纯色加黑的心理特性：

给人以虚伪、渴望、失去信心的感觉。

d. 纯色加灰的心理特性：

给人以腐烂、衰老、回忆、忏悔、矛盾、枯朽的感觉。

图11-26

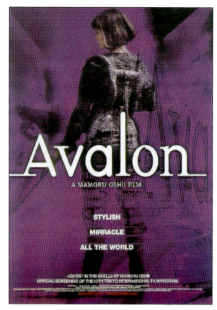

图11-27

图11-28

图11-29

图11-30

高等职业教育艺术设计类专业实践教材

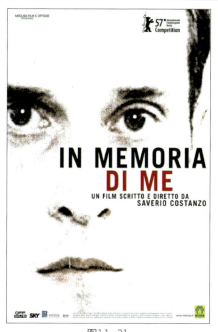

图11-31

图11-32

11.3 白色、黑色、灰色

（1）白色

白色的联想。

冰雪、云彩、糖、盐、化学药品、医疗。

洁白、明快、清白、纯粹、纯洁、坚贞、真理、朴素、神圣、正义感、光明、失败等。

图11-33

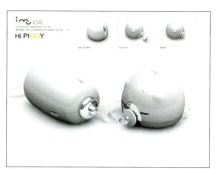

图11-34

图11-35

图11-36

图11-37

图11-39

图11-38

图11-40

图11-41

（2）黑色

黑色的联想。

消极的联想：令人想起漆黑的地方、阴森、恐怖、烦恼、忧伤、消极、沉重、悲痛、迷惑、沉闷、甚至死亡。

积极的联想：使人休息、安静、深思、坚持、准备、考验、严肃、庄重、坚毅。它同时有重量、神秘、庄严、不可征服之感。

图11-42

图11-43

图11-44

119

（3）灰色

灰色的联想。

平淡、乏味、休息、抑制、枯燥、单调，没有兴趣，甚至沉闷、寂寞、颓丧。人们常用灰色比喻丧失斗志、失去进取心、意志不坚、颓废不前。

灰色有时也会给人以高雅、精致、含蓄、耐人寻味的印象。

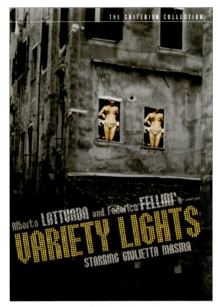

图11-45

图11-46

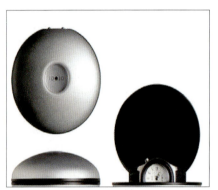

图11-47

图11-48

图11-49

图11-50

图11-51

图11-52

图11-53

12 色调原理

12.1 光与色

光，是一切色彩的主宰。

光，给世界带来了色彩，光是感知色彩的条件之一；健康的眼睛是感知色彩的条件之二，两者缺一不可。

当物象受光线照射后，其信息通过瞳孔进入视网膜，经过视神经细胞分析，转化为神经冲动，由视神经传达到大脑皮层的视觉中枢，便产生了色彩感觉。

经过光、眼睛、大脑三个环节，才能感知色彩的相貌。光刺激眼睛所产生的视感觉为色彩，也就是说，色彩是一种视觉形态，是眼睛对可见光的感受。光，是感知的条件；色，是感知的结果。

1666年英国科学家牛顿用三棱镜将太阳光分解成红、橙、黄、绿、青、蓝、紫七色光谱，人们才逐渐开始揭开色彩的奥秘。

据牛顿推论：太阳的白光是由七色光混合而成，白光通过三棱镜的分解叫做色散，虹就是许多小水滴分解太阳白光的色散现象。日光中包含有不同波长的可见光，混合在一起并同时刺激我们的眼睛时，看到的是白光；在分别刺激眼睛时，则会看到不同的色光。被分解过的色光，再也不会被分解为其他的色光。光谱中不能再分解的色光称为单色光。由单色光混合而成的光称为复色光，太阳光、白炽灯、日光灯发出的光都是复色光。

光在物理学上是一种客观存在的物质（而不是物体），它是一种电磁波。

太阳光通过大气层照射到地球表面，而人的视觉对从380～780nm这一极小范围内的电磁辐射最为敏感，这一段光为可见光。

光的物理性质决定于振幅和波长两个因素。振幅的大小决定明暗的变化；波长决定色相，它的长短会产生色相的变化。波长最长的是红色，最短的是紫色。

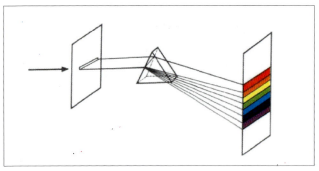

图12-01

电磁波表

宇宙射线	X 射线	紫外线	红外线	雷达波	无线电波	交流电波

可见光谱

图12-02

颜色	波长（nm）	范围（nm）
红	700	640～750
橙	620	600～640
黄	580	550～600
绿	520	480～550
蓝	470	450～480
紫	420	400～450

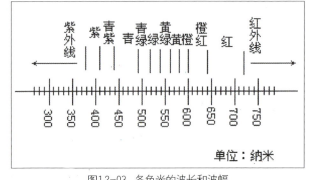

图12-03 各色光的波长和波幅

高等职业教育艺术设计类专业实践教材

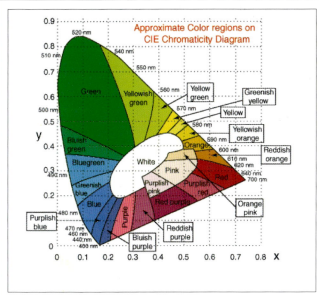

图12-04 色图

实际上，阳光的七色是由红、绿、紫三色不同的光波按不同比例混合而成，我们把这红、绿、紫三色光称为三原色光，将光谱色中各段波长所引起的色调感觉在x、y平面上做成图标时，便得到色图。因白色感觉可用等量的红、绿、紫（蓝紫）三色混合而得，故图中愈接近中心的部分，表示愈接近于白色，也就是饱和度愈低；而在边缘曲线部分，饱和度愈高。因此，图中一定位置相当于物体色的一定色调和一定的饱和度。

把色彩三要素按照一定的秩序和内在联系立体而又明确地排列到一个完整而严密的色彩表述体系中，该体系借助三维的空间架构来同时表述出色相、纯度和明度三者之间的变化关系，我们称它为"色立体"。

色立体的用途：

①色立体相当于一本"配色字典"。每个人都有主观色调，在色彩使用上会局限于某个部分。色立体色谱为我们提供了几乎全部色彩体系，它会帮助我们丰富色彩词汇，开拓新的色彩思路。

②由于各种色彩在色立体中是按一定秩序排列的，色相秩序、纯度秩序、明度秩序都组织得非常严密。它指示着色彩的分类、对比、调和的一些规律。

③如果建立一个标准化的色立体色谱，这对于色彩的使用和管理将带来很大的方便。只要知道某种色标号，就可在色谱中迅速而正确地找到它。

但是色谱也具有若干不可避免的缺点。首先，色谱只能用色料制作，但色料不仅受生产技术的限制，在理论上限制也很大。据色彩学家分析，目前还不可能用现有的色料印刷出所有的颜色来。其次，印刷的颜色也不可能长期保持不变色。因此，在设计中，色立体只能作为配色的工具，不能代替艺术创作。

目前国际上体系完善、运用成熟的色彩体系主要有自然色彩体系NCS（Natural Colour System）、日本色研配色体系PCCS（Practical Color Coordinate System）、孟塞尔色彩体系（Munsell Colour Order System）、德国DIN色彩体系（Deutsche Industrise Nomung Colour System）等。

12.2 色彩表述与色彩体系

（1）孟塞尔色立体

孟塞尔色立体是由美国教育家、色彩学家、美术家孟塞尔于1905年创立的，以后经过数次修改，1929年和1943年又分别经美国国家标准局和美国光学会修订出版了《孟塞尔颜色图册》。孟塞尔色谱是根据颜色的视知觉所指定的标色系统，目前国际上普遍采用该标色系统作为颜色的分类和标定的办法。

孟塞尔色立体以H / V / C表示色彩的三要素。H是hue的缩写，代表色相；V为value的缩写，代表明度；C为chroma的缩写，代表纯度。以5R/5/14为例，5R代表红色，5是红色的主要色相色，14代表纯度的最高值，相应的明度位置是5。

孟塞尔色立体以5个基本色相红（R）、黄（Y）、绿（G）、蓝（B）、紫（P），以及它们相互的间色黄红（YR）、绿黄（GY）、蓝绿（BG）、紫蓝（PB）、红紫（RP）组成，进而形成10个主要色相。

R与RP间为RP+R，RP与P间为P+RP，P与PB间为PB+P，PB与B间为B+PB，B与BG间为BG+B，BG与G间为G+BG，G与GY间为GY+G，GY与Y间为Y+GY，Y与YR间为YR+Y，YR与R间为R+YR。

为了更细的划分，每个色相又分成10个等级。每5种主要色相和中间色相的等级定为5，每种色相都分出2.5、5、7.5、10四个色阶。

由图可知，1R离紫近，是带紫味的红；10R偏黄色，为红里带橙味。

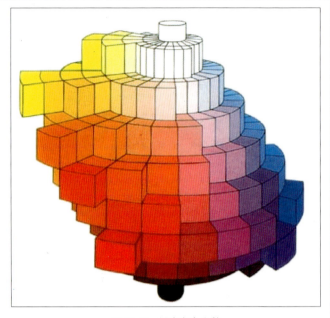

图12-05　孟塞尔色立体

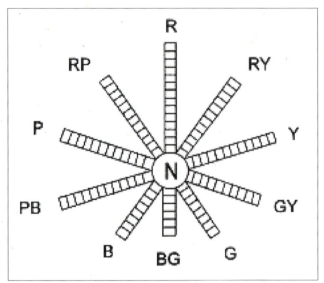

图12-06　孟塞尔色立体俯视

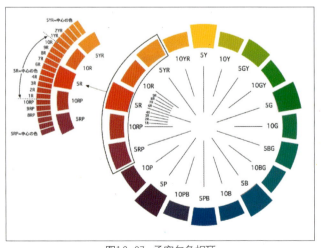

图12-07　孟塞尔色相环

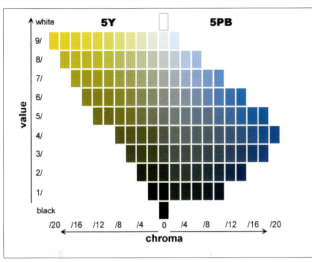

图12-08 孟塞尔色立体侧视

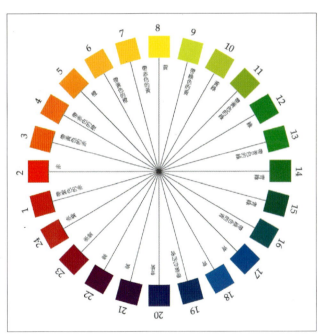

图12-09 P.C.C.S色相环

孟塞尔色立体的中心轴为黑、白、灰，共分为11个明暗等级，黑色为0级，白色为10级，中间1～9为灰色系列。同时，中心轴又有色系的明度标尺，由于色相的明度和中心轴的明度要素相对应，这样所有色相的位置随其自身明度的高低上限的变化而变化。如：黄色最纯色相明度是8，而紫色最纯色相明度仅为4。

色立体的纯度系列与中心轴垂直，呈水平状态。离中心越远纯度越高，最远为各色相的纯色。如：蓝绿距离中心轴最近，而红色则离中心轴最远。

（2）日本色研配色体系PCCS

日本色研配色体系通常以PCCS来表示。PCCS色彩立体模型是由日本色彩研究所研制并于1965年正式发布，强调以色彩的色相与色调来构成不同的色调系列，便于色彩搭配与实用。此色彩系统与美国孟氏的色立体模型有类似的标识方法，但其分割比例和级数不同。此色彩系统也吸收了德国奥氏的色彩立体模型的一些可取之处，是目前在配色和调和方面都可活用的配色体系。

①日本色研表色系。

日本色彩研究所于1951年制定"色彩的标准"色标，完成早期的色彩体系，并由日本文部省（教育部）指定为教学用色彩体系的标准依据。

a.色相

日本色研表色系的色相，以光谱色为基础，红色（R）、橙（O）、黄（Y）、绿（G）、青（B）、紫（P）六色相为主，以视觉上的等感觉差为间隔色彩，成为12色相以后，再细分为24色相，故又被称为等差色相环。因为注重等感觉差的因素，故色相环直径的两端的色彩并不是补色关系。

b.明度

日本色研表色系的明度阶段分为11阶，白在最上端，黑在最下端，中间配置等感觉差的灰色9阶，整个明度阶段依序以10（黑）、11、12、13、14、15、16、17、18、19、20（白）等数值表示。

c.彩度

日本色研表色系的彩度段长短不一致。红色（R）彩度10为最长；蓝绿色（BG）彩度值6为最短。

d.表色法

以"色相—明度—彩度"（H-V-C）的顺序排列。日本色研主要是以Munsell体系为基础发展而成，因为其等色相面均由不等边的三角形构成，所以色立体呈横卧鸡蛋状。

②PCCS色彩体系。

继日本色研体系后，日本色彩研究所又发表了新的表色系，即"日本色彩研究所配色体系"（Practical Color Coordinate System，简称PCCS）于1965年正式公开发行使用。

a. 色相

PCCS表色系的色相发展，主要色光以三原色：橙红（Orangered）、绿（Green）、青紫（Violetblue）与色料三原色：紫红（Magentared）、黄（Hanzayellow）、绿青（Cyanineblue）等六色为基础，再细分成24色相。在其24色的色相环上互为补色关系，故又称补色相环。

b. 明度

PCCS的明度阶段分为9阶，白在最上端，黑在最下端，中间配置等感觉差的灰色7阶，整个明度阶段依序以1.0（黑）、2.5、3.5、4.5、5.5、6.5、7.5、8.5、9.5（白）等数值表示。

c. 彩度

彩度阶段与明度一样，分为9阶，从无彩色到有彩色分为以1S（最低）、2S、3S、4S、5S、6S、7S、8S、9S（最高）。

d. 表色法

PCCS的表色法是以"色相—明度—彩度"（H-V-C）的顺序，配列三种数值表示，如"3：YR-4.5-6S"，其中"3：YR"是指色相环上的第3号色相"带黄的红"，"4.5"表示稍低明度，"6S"表示第6阶彩度。在表示无色彩时，只需要在明度值前面加上N，例如"N-4.5"。

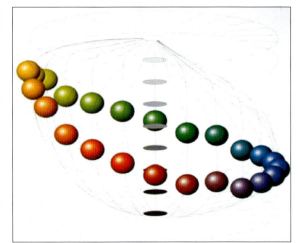

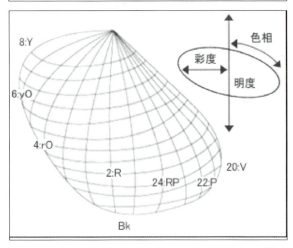

图12-10　PCCS色立体

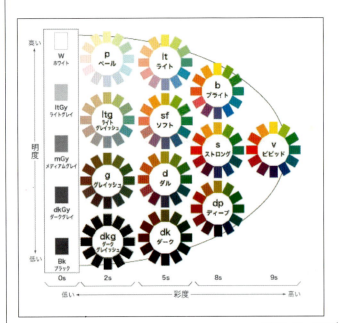

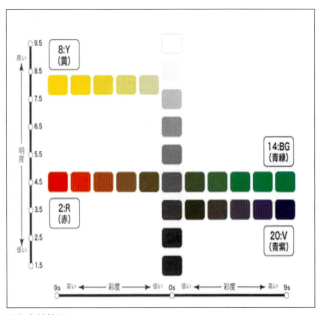

图12-11　PCCS色调分类结构图

12.3　色彩的错觉与幻觉

物体是客观存在的，但视觉现象并非完全是客观存在，它在很大程度上是主观在起作用。当人的大脑皮层对外界刺激物进行分析、综合发生困难时就会造成错觉；当前知觉与过去经验发生矛盾时，或者思维推理出现错误时就会引起幻觉。色彩的错觉与幻觉会出现一种难以想象的奇妙变化。

设计师在从事艺术设计实践时常常会碰到以下几种情况：

（1）视觉后像

当视觉作用停止之后，感觉并不立刻消失，这种现象叫视觉后像。

这种后像一般有两种：

①正后像。如果人在黑暗的深夜，先看一盏明亮的灯，然后闭上眼睛，那么在黑暗中就会出现那盏灯的影像，这叫正后像。日光灯的灯光是闪动的，它的频率大约是100次/秒，但由于眼睛的正后像作用，我们并没有观察出来。电影也是利用这个原理，所以我们才能看到银幕上物体的运动是连贯的。

②负后像。正后像是神经在尚未完成工作时引起的。负后像是神经疲劳过度所引起的，因此其反应与正后像相反。当你在阳光下写生一朵鲜红的花，观察良久，然后迅速将视线移到白纸上，这时会发现白纸上有一朵与那朵红花形状相同的绿花。当然这种现象瞬间就消失了。我们称这种现象为负后像。

负后像色彩错觉一般都是补色关系，如：红—绿、黄—紫、橙—青紫。黑与白也同样会产生这样的现象，其原理相同。

（2）同时对比

同时对比是指眼睛同时受到色彩刺激时，色彩感觉发生相互排斥现象。刺激的结果使相邻色改变原来性质的感觉，向对应方面发展。

当我们用色彩构图时，同一灰色在黑底上发亮，在白底上变深；同一灰色在红底上呈现绿色，在绿底上呈现红色，在紫底上呈现黄色，在黄底上呈现紫色，同一灰色在红、橙、黄、绿、青、蓝、紫不同底色上呈现补色感觉。

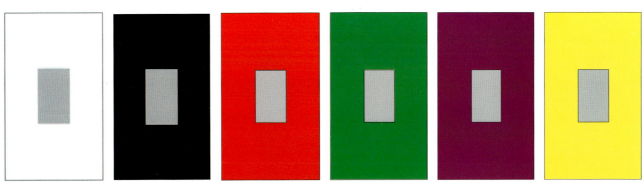

图12-12

高等职业教育艺术设计类专业实践教材

红与紫并置，红倾向于橙，紫倾向于青；红与绿并置，红显得更红，绿显得更绿。各种相邻的色在交界处，对比表现得更为强烈。

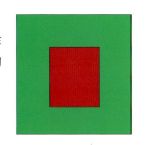

图12-13

同时对比的规律：

①补色相邻时，由于对比作用，各自都增加了补色光，色彩的鲜艳度同时增加。

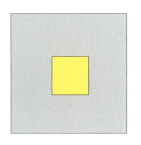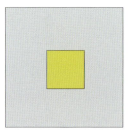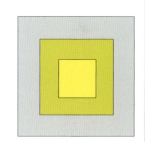

图12-14

②同时对比的效果随着纯度增加而增加，相邻之处，在边缘部分最为明显。

图12-15

③同时对比作用只有在色彩相邻时才能产生，其中如果一色包围另一色效果更为醒目。

图12-16

④亮色与暗色相邻，亮色更亮，暗色更暗；灰色与艳色并置，艳色更艳，灰色更灰；冷色与暖色并置，冷色更冷，暖色更暖。

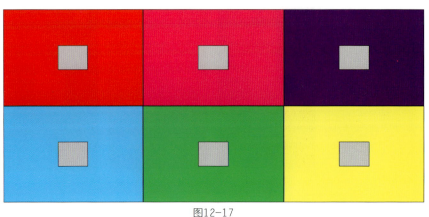

图12-17

高等职业教育艺术设计类专业实践教材

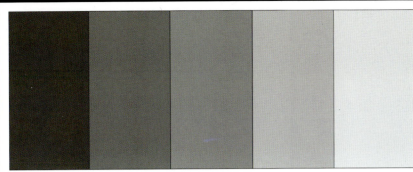

图12-18

⑤黑白序列接近处显得较深与较浅，相接较深一边显得亮些，较浅一边显得深些，似乎上色不均匀。

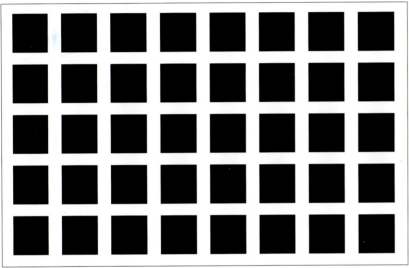

图12-19

⑥在每四块黑方角相对空白十字中心似有灰色影子。

（3）色彩的膨胀感与收缩感

色彩的膨胀感与收缩感不仅与波长有关，而且与明度有关。

同样粗细的黑白条纹，其感觉上白条纹要比黑条纹粗；同样大小的方块，黄方块看上去要比蓝方块大。

设计文字，在白底上的黑字需大些，看上去醒目，过小了就太单薄，看不清。如果是在黑底上的白字，那么白字相对就要比黑字要小些，或笔画细些，这样显得清晰可辨，如果与前种黑字同样大，笔画同样粗，就会含混不清。

进行各种色彩设计时，为了达到各种色块在视觉上的一致，就必须按色彩的膨胀和收缩规律进行调整。

据说法国国旗是红、白、蓝三色条纹。开始设计时三条色带的宽度完全相等，但当旗子升到空中后，人们总感觉这三色显得不等了。为此设计

图12-20

129

者们专门邀请色彩学专家们共同研究，最后才知道这与色彩的膨胀感和收缩感有关。当三色比例调整到红35、白33、蓝37时，才感到宽度相等了。

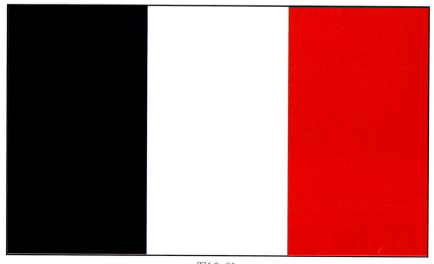

图12-21

综合起来，色彩的前进感与后退感、膨胀感与收缩感有如下规律：

在白纸上写黄字不醒目而写黑字醒目——明度对比强，易见度高；明度对比弱，易见度低。另外，光线弱，易见度低；光线过强，有眩目感，易见度也差；色彩面积大易见度高，色彩面积小易见度低。如果当两组光源与形状大小相同时，形状是否能看清楚，则取决于形状的颜色与背景颜色的明度、色相、纯度上的对比关系，其中明度对比最强的对比作用最大，对比强的清楚，弱的模糊。

对比强的色有：黄/黑、白/黑、黄/紫、蓝/白、绿/白、黄/蓝……

膨胀前进	暖	高彩度	大面积	亮色（暗底中）	对比色	集聚色	明度对比强
收缩后退	冷	低彩度	小面积	暗色（亮底中）	调和色	分散色	明度对比弱

图12-22

图12-23

对比弱的色有：黄/白、绿/青、黑/紫、灰/绿……

色彩学家测定：在不同色彩的背景上涂上5毫米直径大小的色点，它的可见距离如右表所示：

底色	可见距	
黑	黄：13.5m 红：6m	紫：2.5m
黄	紫：12.5m	紫红：9m
青	黄：11.9m 红：3m	紫：1.8m
红	黄：8.5m 绿：1.2m	紫：3.7m

12.4 数字色彩

数字色彩并不是凭空产生的，它以现代色度学和计算机图形学为基础，采用经典艺用色彩学的色彩分析，是色度学与艺用色彩学在新的载体上的发展与延伸。

（1）数字色彩的基础——混色系统CIE

现代色度学是我们认识色彩的基础，它给色彩应用制定了国际通用的色彩标准。

1931年，国际照明委员会（简称CIE）在剑桥举行的CIE第八次会议上，以CIE-RGB光谱三刺激值为基础，统一了"标准色度观察者光谱三刺激值"，确立了CIE1931-XYZ系统，被称为"XYZ国际坐标制"，从而奠定了现代色度学的基础。

由x、y、z三基色作轴的xyz锥形空间是一个三维的颜色空间，它包含了所有的可见光色（如图12-24的CIE色度图）。这个三维的颜色空间从原点0开始延伸第一象限（正的八分之一空间），并以平滑曲线作为这个锥形的端面。从原点作射线贯穿锥体，射线上的任意两点表示的彩色光都具有相同的彩度和纯度，仅仅亮度不同。

这个马蹄形的CIE色度图（也称色品图）包含了可见光的全部色域。通过CIE色度图，我们可以测量任何颜色的波长和纯度；识别互补颜色；定义色彩域，以显示叠加颜色的效果；还可以用CIE色度图比较各种显示器、胶卷、打印机或其他拷贝设备的颜色范围。CIE色度图是一个二维空间，它只反映了光色的彩度和纯度，没有亮度因素。

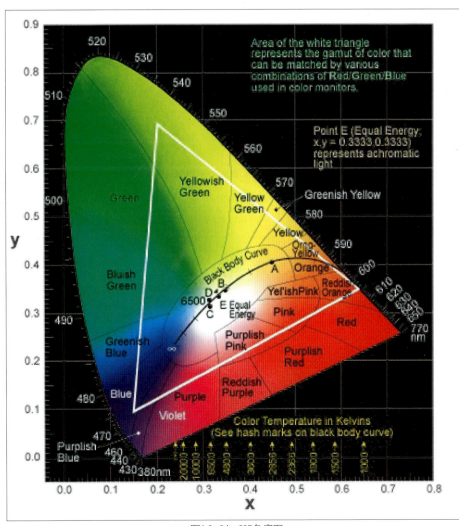

图12-24 CIE色度图

高等职业教育艺术设计类专业实践教材

（2）数码设计色彩格式与模式

①RGB模式。

R、G、B三色是常用的光的三原色。红（red，记为R）、绿（green，记为G）、蓝（blue，记为B），是计算机显示器及其他数字设备显示颜色的基础。RGB色彩模型是数字色彩最典型也是最常用的色彩模型。它属于加色法混合，是一种光源色的混合模式。在使用计算机进行主要用于电子显示色彩的设计时，我们可以选择RGB色彩模式。

在该模式下，每个图像的像素都有R、G、B三个值，并且每个值都可以在0～255变化。例如，某种颜色的RGB值分别为246、20、50，那么，这种颜色就是一种明亮的红色。颜色为纯白色时，RGB值都是255，黑色的RGB值都是0。在该模式下，符合色光加色法越加越亮的特点，RGB值越大，颜色也就越亮。

RGB色域涵盖了CMYK硬拷贝色域和所有颜料、染料、涂料的色域。

②CMYK模式。

CMYK色彩模型也是数字色彩常用的色彩模型，它属于减色法混合，是一种颜料色彩的混合模式。

CMY三色分别是青色、品红色、黄色。青（cyan，记为C）、品红（magenta，记为M）、黄（yellow，记为Y）是打印机等硬拷贝设备使用的标准色彩，它们分别是红（R）、绿（R）、蓝（B）三原色的补色。其与RGB的加色模式有很大的不同之处，在于它与印刷输出的原理一致。在印刷照排输出之前必须把其他色彩模式的图像转换为CMYK的模式，否则工作就无法进展。

在Photoshop的CMYK模式下，每个像素的每种印刷油墨会被分配一个百分比值。最亮（高光）颜色分配较低的印刷油墨颜色百分比值，较暗（暗调）颜色分配较高的百分比值。

CMYK印刷颜色是油墨所能表现的色域，它与计算机的CMYK色彩模型能表达的色彩不是一回事。因此，我们在应用计算机进行色彩设计时，系统会提示超出印刷、打印的"警告色"，即使设计了比较鲜艳的颜色，如果超出了CMYK印刷颜色的色域，计算机就会用一个接近它的较灰暗的颜色去替代它。可见CMYK印刷颜色的色域小于RGB屏幕颜色的色域。

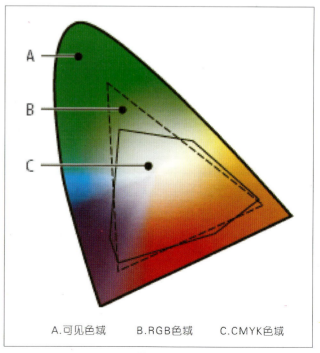

A.可见色域　　B.RGB色域　　C.CMYK色域

图12-25

③BMP格式

是Windows Bit MaP的缩写，它是最普遍的点阵图格式之一，也是Windows操作系统的标准格式。在Windows窗口系统中被广泛应用，在Windows环境中运行的图形图像软件都支持BMP图像格式，它是最不容易出问题的图像格式。BMP只能存储四种图像数据：单色、16色、256色和全彩色。BMP图像数据有压缩和不压缩两种处理方式，由于24位BMP格式的图像文件无法压缩，因而文件尺寸比较大。

④TIF（F）格式。

印刷工业中最常用的格式，TIF（F）是Tagged Immage Fileformat的缩写，它被用于在应用程序之间和计算机平台之间交换文件，几乎被所有绘画、图像编辑和页面排版应用程序支持。

⑤JPEG格式。

是Joint Photographic Experts Group的缩写。JPEG是一种高效率地压缩图像的方式，在保存时能够将人眼无法分辨的资料删除，以节省储存空间，但这些被删除的资料无法在解压时还原，所以JPEG档案并不适合放大观看，输出时其质量也会受到影响，故这种类型的图像压缩方式，称为"失真压缩"或"有损压缩"。

⑥GIF格式。

是Graphics Interchange Format（图形交换格式）的简写，是Compu Serve公司所制定的图像文件格式，由于Compu Serve公司开放使用权限，所以广受应用。目前，GIF图像文件已经成为网络和BBS上图像传输的通用格式，经常用于动画、透明图像等。

⑦PSD格式。

是Adobe Photoshop的专用图像格式，可以储存成RGB或CMYK模式，而且能自定义颜色数目储存。PSD可以将不同的物件以层级（Layer）分离储存，以便于修改和制作各种特殊效果。

高等职业教育艺术设计类专业实践教材

参考文献

[1]袁小华.色彩构成.济南：山东科学技术出版社，2004

[2]赵志国.色彩构成.沈阳：辽宁美术出版社，1989

[3]盛忠谊.罗晓光.色彩构成.长沙：湖南美术出版社，2002

[4]陈小清.色彩构成与设计.广州：广东科学技术出版社，1996

后记

《车尔尼599》是钢琴专业学生的必修课，从基础的全音符开始，通过100条循序渐进的练习曲，在不知不觉中学会了读谱及各种乐理知识，也就是说，学五线谱和各种乐理知识是在练习钢琴技巧中不知不觉中学会的。

Photoshop CS软件的学习为什么不能这样呢？为什么不能在学习《色彩构成》中来完成Photoshop CS的学习呢？或者反过来，为什么不能在学习Photoshop CS软件的过程中完成《色彩构成》的学习呢？我们带着这样的疑问展开了二者"互为项目"的探讨和《Photoshop CS：色彩构成》教材的编写。

色彩构成课目前仍然是设计专业的基础课程，它对成就一个设计师起着重要的作用。若干年以来，设计专业的学生们往往是学了构成的基本原理后，事倍功半、费时费力地用手工填涂老师布置的大量作业，这个过程耗费了大量的时间和精力，作业的最终评价标准在很大程度上取决于作业的工整度和投入的时间，而学习效率和效果大打折扣。另一方面，Photoshop CS软件的学习则是自行其道，或是用纯粹的软件教材，或是教师凭经验教授，最多可以学会一些工具的使用，这个过程所涉及的内容是单一的、随机的、没有系统的同时指向性也是模糊的。

项目教学，是现代职业教育的有效手段，它是通过实施一个完整的"工作项目"进行的教学活动。相对于Photoshop CS软件的学习，色彩构成是"工作项目"；如果拿色彩构成作为学习过程，那么Photoshop CS软件则是"工作项目"。通过"互为项目"的学习方式，会大大加强Photoshop CS软件学习和设计基础内容的针对性乃至趣味性，更主要的是提高了学习效率，同时也能够和其他专业课程有效地衔接，进而达到事半功倍的效果，给后续的专业学习奠定坚实的基础。

教材的设计是循序渐进的，涉及的相应知识点由简入以繁出，清晰而具体，实例的选择均和专业的后续学习密切相关。我们的根本宗旨是通过本教材让学生自己发现知识、提高技能，在基础学习中锻炼学生的发散思维，培养其艺术设计的创新能力。

高等职业教育艺术设计类专业实践教材

本教材由天津职业大学艺术学院院长陈艳麒和副院长李凌担任主编并统稿。于瀛、钟铃凌担任副主编。具体分工是：第 1 章、第 3 章、第 4 章由万越编写，第 2 章、第 5 章、第 8 章由陈慧姝编写，第 6 章、第 7 章、第 9 章、第 10 章由于瀛编写，附录部分由李凌编写，齐颖、谷莉参与相关资料的提供。

尽管我们在教材的编写中倾注了全力，但由于经验不足，可能有很多地方需要商榷，愿学者同仁与我们一起探讨。

2008.5.30